边底水油藏立体水驱表征技术

Three – dimensional Water Flooding Characterization Technology of Edge and Bottom Water Reservoirs

薛永超　曹仁义　戴　宗　贾　品　著

石油工业出版社

内 容 提 要

本书系统介绍了边底水油藏静态地质研究方法、实验室物理模拟技术、油藏工程分析理论、剩余油挖潜开发调整策略等内容,分析了边底水油藏的隔夹层对油水运动规律的控制作用,提出了动静结合—平剖校验的边底水油藏三维地质建模方法,论述了边底水油藏开发物理模拟技术,创建了边底水油藏立体水驱波及表征方法,形成了边底水油藏剩余油时空分布表征方法及挖潜技术。

本书可供油气田勘探、开发地质、油藏工程技术人员及其他相关学科的科学研究人员参考阅读,也可供相关专业高等院校师生参考使用。

图书在版编目(CIP)数据

边底水油藏立体水驱表征技术/薛永超等著. —北京:
石油工业出版社,2023.12
ISBN 978 - 7 - 5183 - 6252 - 3

Ⅰ.①边… Ⅱ.①薛… Ⅲ.①油气藏–水压驱动–研究 Ⅳ.①TE341

中国国家版本馆 CIP 数据核字(2023)第 162457 号

出版发行:石油工业出版社
　　　　　(北京安定门外安华里 2 区 1 号楼　　100011)
　　　　　网　　址:www.petropub.com
　　　　　编辑部:(010)64523829　图书营销中心:(010)64523633
经　　销:全国新华书店
印　　刷:北京中石油彩色印刷有限责任公司

2023 年 12 月第 1 版　2023 年 12 月第 1 次印刷
787×1092 毫米　开本:1/16　印张:13
字数:306 千字

定价:60.00 元
(如出现印装质量问题,我社图书营销中心负责调换)

前　言

我国石油安全面临挑战,目前石油对外依存度超过 70%。我国海域油气资源丰富,近年来珠江口盆地、渤海湾盆地等相继发现了大小不等的边底水油藏,海上原油增储上产迅速,约占国内原油总产量的四分之一,是国内原油供给和能源安全的重要保障。

本书主要依托于国家自然科学基金、国家油气重大专项和中国海洋石油科技攻关,围绕中国海域含油气盆地强边底水砂岩油藏,以室内物理模拟实验为手段,以渗流力学、油藏工程为理论基础,结合矿场试验和实践,开展了边底水砂岩立体水驱表征技术研究。

本书共分为 6 章,第 1 章针对海上边底水油藏水平井立体开发特点,揭示了隔夹层主控下边底水侵入水平井立体水驱机理,研发了适用于海上边底水油藏的夹层定量识别方法,编制了人机交互夹层识别软件,极大提高了识别效率及识别精度,有力支撑了海上强边底水油藏水平井立体式井网部署和调整挖潜。第 2 章提出了以夹层为主控的边底水油藏小层划分与对比技术,研发了边底水油藏流动单元表征技术,提出了边底水油藏动静结合的三维地质建模技术。第 3 章探究了边底水油藏开发的物理模拟技术,主要包括底水油藏水平井立体开发三维物理模拟技术、边水油藏定向井开发三维物理模拟技术、边水油藏注采驱替物理模拟技术及气顶边水油藏流体界面运动规律物理模拟技术。第 4 章主要研究了底水油藏立体水驱表征方法,主要包括提出了底水油藏水驱波及与调整加密技术界限、建立了夹层主控的底水油藏水平井产液剖面评价方法及底水油藏注水侧向驱替评价技术,形成了注水侧向驱替波及形态刻画技术。第 5 章主要研发了边水油藏立体水驱波及表征方法,形成了边水油藏波及形态刻画技术。第 6 章主要介绍了边底水油藏剩余油时空分布表征方法及挖潜技术,主要揭示了边底水油藏剩余油成因机理,形成了剩余油分布预测方法、归纳了剩余油分布模式,提出了边底水油藏不同模式剩余油差异化挖潜技术。

本书由薛永超、曹仁义、戴宗、贾品著,具体分工如下,薛永超负责撰写第 1 章、第 2 章,贾品负责撰写第 3 章,戴宗负责撰写第 4 章,曹仁义撰写前言、第 5 章、第 6 章。全书由薛永超统稿。

本书内容是笔者所在研究团队近 20 多年的研究成果,并参考了国内外相关领域专家学者的学术成果,对各位专家学者深表感谢。由于边底水油藏研究难度大,书中不妥之处,敬请读者批评指正。

目　　录

第1章　边底水油藏夹层表征技术及驱替模式

准确识别和表征夹层是实现边底水油藏高效开发的关键因素之一,本章主要论述了边底水油藏小规模夹层识别方法及表征技术,探究了夹层产状对边底水油藏开发控制作用,建立了夹层主控的边底水油藏驱替模式及波及特征。

1.1　小规模夹层表征技术

1.1.1　夹层类型

夹层是指沉积过程中形成的低孔低渗或者不渗透性地层,具有岩性致密、孔隙度小、渗透能力差的特点,对于储层中流体具有一定的阻挡作用,因此也称为遮挡层或者阻渗层。由于夹层在油藏开发过程中会对油水形成遮挡作用,改变油水运动规律,因而对油层的动用情况和水驱波及系数具有较大的影响作用,会改变层内水淹模式,从而导致剩余油分布模式复杂化。因而实现精确的夹层识别是实现精细历史拟合和剩余油分布预测的基础和保证。

沉积环境的变化和成岩作用的影响是夹层形成的主要原因,根据夹层的形成原理不同,可分为泥质夹层、钙质夹层及物性夹层。泥质夹层主要指由泥岩、页岩及粉砂质泥岩构成的夹层,主要受沉积环境影响;钙质夹层主要指不渗透或者低渗透能力的钙质砂岩、钙质泥岩及钙质页岩等,主要受成岩过程中的化学反应控制;物性夹层主要指由泥质粉砂岩构成的夹层,主要受沉积环境影响。

1.1.1.1　泥质夹层

泥质夹层一般形成于强转弱的水动力沉积环境,主要包含泥岩、粉砂泥岩及页岩等颗粒较小的沉积物,由于其不需要后期的特殊成岩作用,且沉积物较为常见,所以在实际油藏中发育最多,针对泥岩水动力环境的变化特征,可以将其概括为以下几类沉积微环境。

(1)短暂洪水间歇沉积,在洪水期,由于水流量较大,物源较为充足,在开始期主要沉积砂岩,进入间歇期后水动力减弱,悬浮的微小颗粒沉积物也开始沉积,形成泥岩或者泥质粉砂岩,这类泥岩一般分布较为稳定。

(2)河道间细粒沉积:在河道沉积相中,废弃河道地区一般水动力较弱,主要悬浮微小颗粒,容易形成泥岩沉积,发育成夹层。

1.1.1.2　钙质夹层

钙质夹层主要形成于后期的成岩作用,胶结作用和溶解作用导致地层孔隙堵塞,进而形成不渗透层。

钙质夹层中孔隙填充较为充分,主要胶结物成分为方解石,此外还含有白云石等。其形成原因主要有两类,当为淡水环境时,地层孔隙中水分的蒸发会形成充填物沉淀,从而形成钙质夹层。此外,在沉积成岩时,埋深越深,温度压力越高,有机质在高温高压下发生分解演化,形成 CO_2,地层水中的 Ca^{2+}、Mg^{2+} 等离子与之结合,容易形成沉淀,从而堵塞孔隙,形成钙质夹层。在地层中,钙质夹层的分布范围要远远小于泥质夹层,且其分布随机性也较大。

1.1.1.3 物性夹层

物性夹层以泥质粉砂岩为主,物性夹层岩性本身是砂岩,只是与邻近的正常储层相比,物性夹层的储集性能和渗流能力比较差,里面流体的流动能力比较弱。

1.1.2 人机交互的测井曲线元夹层识别方法

1.1.2.1 测井曲线前处理

不同类型夹层其测井响应特征不同,泥质夹层测井响应特征为:自然电位曲线有回返现象,但变化不明显;自然伽马曲线呈指状凸起;井径出现扩径现象;测井解释的孔隙度和渗透率曲线均表现为指状凹陷,其中伽马测井曲线对泥质隔夹层的敏感性最高。钙质夹层测井响应特征为:微电极测井曲线会出现尖峰且幅度差较小;声波时差会出现明显低值;井径不会出现明显扩径;测井解释的孔隙度和渗透率曲线均表现为指状凹陷,其中深侧向电阻率测井曲线对其的反映效果较好。物性夹层测井响应特征为:自然伽马曲线、声波时差曲线小幅度降低;电阻率曲线小幅度增大。根据不同类型夹层测井响应特征差异性,构建基于测井曲线特征的识别方法,综合利用测井曲线和单井动态进行夹层定量识别。

测井过程中受钻井环境及测井设备噪声影响,使得测井曲线出现非正常波动。首先需要对测井曲线进行滤波处理,在考虑数据点距离和幅度差的基础上,利用距离加权光滑平均算法,开展滤波处理,去除随机扰动影响,提高识别精度。

$$\overline{y_i} = \frac{\sum\limits_{k=-N}^{N} \omega_k y_{i+k}}{\sum\limits_{k=-N}^{N} \omega_k} \tag{1.1}$$

$$\omega_{p,k} = a^{|k|} \quad (0 < a \leqslant 1) \tag{1.2}$$

式中 $\overline{y_i}$ ——i 点测井曲线值;

    N ——i 点距离加权光滑距离;

    ω_k ——i 点光滑加权数据点权;

    a ——权重参数计算基数,本模型选择 0.5。

1.1.2.2 单井夹层识别方法

在测井曲线上,如果对某一条测井曲线所考查的某一性质与邻近的曲线段不同,则把这样的一段曲线称为测井曲线元。记为:

$$C: X = (x_0, x_1, \cdots, x_n), x_i \in [a, b], i = 0, 1, \cdots, n \tag{1.3}$$

式中　C——测井曲线元；

　　　a, b——测井曲线的上下刻度；

　　　x——某一条测井曲线数值，不同测井曲线单位不一致；

　　　n——采样点个数。

假设有 C_{i-1}、C_i、C_{i+1} 分别为相邻的三段测井曲线元，考察某一特征 A，且假设 A_{i-1}、A_i、A_{i+1} 表示相应测井曲线元的这一特征，ε_1 为一给定值，依据定义有：

$$F(A_{i-1}, A_i) > \varepsilon_1 \quad 且 \quad F(A_i, A_{i+1}) > \varepsilon_1 \tag{1.4}$$

式中　F——两个相邻测井曲线差异性度量；

　　　A——测井曲线的某种度量特征；

　　　ε_1——确定门槛值，依据油藏特征、测井曲线特征而存在一定差异性，一般根据岩心
　　　　　分析进行确定。

如果上式满足，称测井曲线段 C_i 就是定义于特征 A 上的一个测井曲线元。

一般而言，测井曲线采样间距是 0.125m。因此，必须至少有 2 个采样间距才能构成一个夹层的测井响应特征。所以只有当 1 个夹层厚度不小于 0.25m 时，才能够被测井曲线元识别。

设存在 x_{i-1}、x_i、x_{i+1} 为三个相邻的采样点，给定 ε 为一门限值，如果三者的关系满足：

$$x_{i-1} > x_i > x_{i+1} \text{ 且 } x_{i-1} - x_i \geqslant \varepsilon, i = 1, 2, \cdots, n \tag{1.5}$$

式中　x_{i-1}, x_i, x_{i+1}——三个相邻的采样点的测井值；

　　　ε——确定门槛值。

则从采样点 x_i 开始记录采样点数 s_i，直到上式不成立。则必然有式（1.6）成立，同样开始记录采样点数 s_2，直到下式不成立。

$$x_i \leqslant x_{i+1} \tag{1.6}$$

则 $h = s_2 - s_1$ 为夹层厚度。

分别利用自然电位曲线、自然伽马曲线、电阻率曲线、声波时差曲线及孔渗曲线开展单井夹层识别研究。

单条测井曲线判断夹层存在的概率计算公式为：

$$P_{f,i} = \frac{\Delta J + \Delta E + \Delta D}{J_0 + E_0 + D_0} \tag{1.7}$$

$$\Delta J = \text{ABS}(J_0 - J) \tag{1.8}$$

$$\Delta E = \text{ABS}(E_0 - E) \tag{1.9}$$

$$\Delta D = \text{ABS}(D_0 - D) \tag{1.10}$$

式中　$P_{f,i}$——单条测井曲线判断夹层存在的概率；

　　　J_0, E_0, D_0——分别为测井曲线元的级差、数学期望、方差；

J, E, D——分别为移动窗长内测井曲线元的级差、数学期望、方差。

多条测井曲线预测夹层存在的概率计算公式为：

$$P_f = 1 - \prod_{i=1}^{n}(1 - P_{f,i}) \tag{1.11}$$

式中　n——曲线元个数；

　　　P_f——夹层存在的概率。

1.1.2.3　井间夹层分布预测方法

在单井夹层识别的基础之上，开展夹层平面展布研究，利用反距离加权平均方法开展夹层平面分布概率计算。对于普通的反距离加权平均方法，由于未考虑已知数据点密集程度的影响，对于较为密集的数据，容易出现信息重复的现象，因此需要考虑夹角因素，进行夹层分布概率计算。

1.1.2.4　方法可靠性论证

首先在取心井上验证。图1.1为测井曲线元识别夹层概率与岩心对比图，由图中可知A10ST1井在BO16.80油藏有4个测井曲线元的响应，其概率分别为0.891、0.932、0.807、0.801，根据该井有限的岩心观察，岩心对测井曲线元识别到的夹层均有验证。表明利用测井曲线元方法识别夹层的结果是可信的，且效果较好。

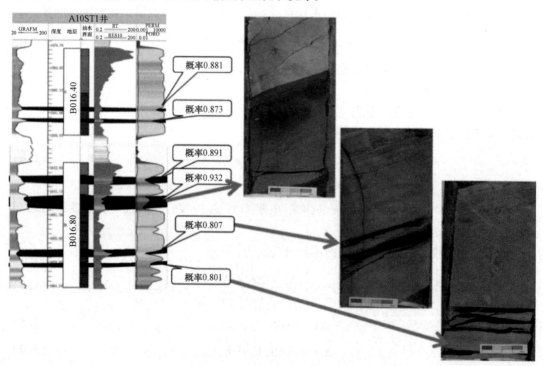

图1.1　测井曲线元识别夹层概率与岩心对比图

此外，进一步利用单井开发动态对测井曲线元法识别的夹层进行校验。图1.2为B11H井测井曲线元识别夹层验证，由图1.2(a)可知A17PH井测井曲线元有2个响应，概率分别为 0.887 和 0.891,该井夹层发育。B28H 井测井曲线元有 2 个响应,概率分别为 0.901 和 0.869,该井夹层发育。依据夹逼准则,推测 B11H 井下伏层位发育夹层的概率非常大,因此判定 B11H 井下伏层位发育夹层。图 1.2(b) 为 B11H 井生产动态,由图可知 B11H 井含水率上升较慢,符合下伏夹层对底水脊进的延缓作用。

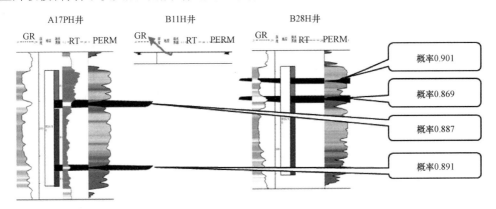

(a) B11H下方夹层存在的概率

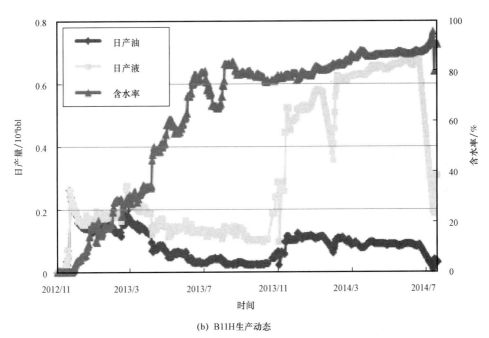

(b) B11H生产动态

图 1.2　B11H 井夹层识别结果验证

图 1.3 为 B08H 井测井曲线元识别夹层结果的验证,由图可知 A01ST1 井测井曲线元只有 1 个响应,但概率只有 0.301,因此该井夹层不发育;A20H 井测井曲线元没有响应,该井也不发育夹层。依据夹逼准则,推测 B08H 下伏层位也不发育夹层。图 1.3(b) 是 B08H 井生产动态,由图可知 B08H 井含水率表现为开井水淹特征,与测井曲线元夹层识别结果不发育特征相符合。

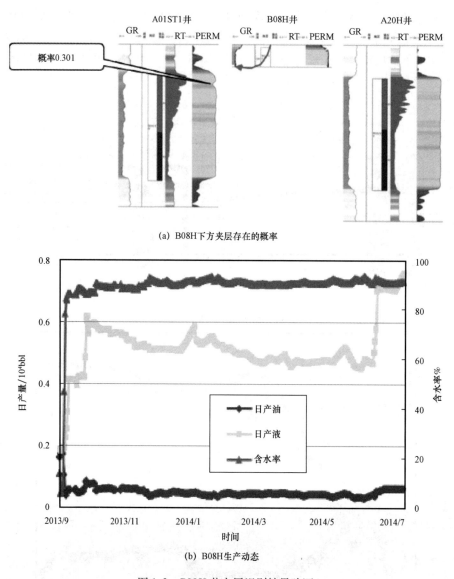

(a) B08H下方夹层存在的概率

(b) B08H生产动态

图 1.3　B08H 井夹层识别结果验证

1.1.3　人机交互夹层识别软件的编制及应用

　　夹层作为储层中不渗透的特殊沉积特征,其对油藏的开发具有非常重要的意义,合理利用夹层,可以有效提高油藏的波及体积,改善油藏动用情况,提高油藏采收率。但是长期以来,准确识别夹层成为困扰地质工程师和油藏工程师的一个难题,识别夹层首先需要进行地层层序划分,但是目前较为常见的为依靠人力进行划分识别,这就使得工作费时又费力,且由于不同人的认知不同,导致划分识别结果差异较大,从而导致了地质研究的不准确,给油藏开发调整带来了困难。通过编制小层划分及夹层自动识别软件,可以有效避免这一问题,使得划分标准和结果统一化,从而为后续的油藏工程研究奠定基础。

1.1.3.1 软件的功能与特点

（1）软件功能设计。

软件设计了四大功能模块，包括测井数据管理、小层划分模块、单井夹层识别模块及夹层展布研究模块。具体计算为：

① 根据输入的测井曲线，可以进行储层小层自动划分，具有人工校正功能，此功能主要实现油藏小层自动划分，反映同一沉积环境下不同水动力情况的变化；

② 根据小层划分结果，可以进行单井隔夹层自动识别，具有人工校正功能，此功能主要根据过路井或者探井的测井反应结果判断是否有钻遇夹层，为后续夹层的展布研究提供数据依据；

③ 根据单井隔夹层识别结果，可进行隔夹层展布研究，具有人工校正功能，此功能主要实现夹层展布范围的分析，主要根据不同位置探井或者过路井的钻遇夹层分布情况，结合物源沉积方向及井头位置，计算得到夹层的最大可能分布范围，实现夹层展布的预测功能。

（2）软件特点。

利用多条测井曲线融合算法及活度划分算法，实现了对沉积环境变化的识别，可以完成地层层序自动划分工作，为地层精细解释奠定基础。此外在自动划分的基础上还可以实现工作人员人工校正，这既能提高地质工作的效率，同时也能保证识别结果的准确性。根据小层划分结果，利用曲线元方法实现了单井隔夹层的自动识别，确保对于钻遇夹层的准确判断，为后续夹层的展布研究奠定基础。最后以单井夹层识别结果为基础，结合井位坐标，可以开展隔夹层展布预测，从而为精细三维地质建模提供支持。本软件用户界面清晰，操作方式简单易懂，具有较高的使用价值。

1.1.3.2 软件主要程序框图

软件主界面如图 1.4 所示，主要为软件名称和版权注释，后续根据研究的深入，可对软件进行进一步升级完善。点击启动按钮，开始软件主模块运行，进入数据输入及处理界面。

图 1.4　软件主界面

数据导入及处理界面,分为顶底数据输入和测井曲线输入两部分,其中前者表示油藏顶底数据,通过限定数据范围,可以剔除无效数据,提高运算速度。数据输入及检验的运行流程如图 1.5 所示,在输入数据之后,界面会自动显示测井原始数据,输入无效值,系统自动进行无效数据剔除,确保原始数据的有效性和准确性。

小层自动划分及夹层自动识别模块计算过程,首先是对测井曲线归一化,并对不同的测井曲线融合计算。然后进行小层自动划分,最小厚度为小层厚度下限设置,小层划分如果厚度太薄,则会极大增加后续研究工作,实际意义较小。步长则是初始计算的数据搜索范围,初次可设置为 10 以下基数,根据划分结果,可再进行调整,确保划分的准确度达到最高(图 1.6)。针对不同井划分小层可能层数不一致问题,在点击初次划分小层按钮之后,下方分层数会显示小层个数,同时在数据显示栏可以选择井号,根据原始数据可以判断最佳小层数,之后根据此小层数,进行小层的最终划分,实现小层划分的人机交互功能。

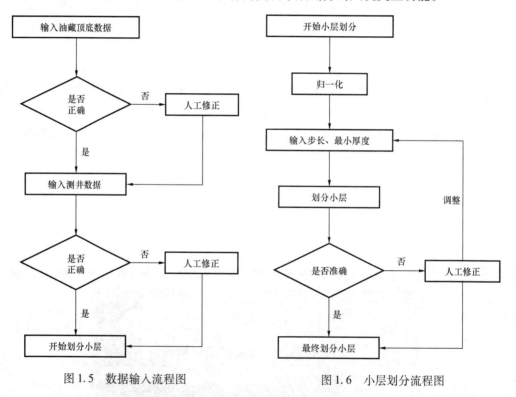

图 1.5　数据输入流程图　　　　　　　图 1.6　小层划分流程图

在小层划分的基础上,开展夹层分布识别,根据测井曲线元识别方法,对于具有相似特征的一段测井曲线进行判断,确定是否存在夹层,并计算每个小层的夹层发育概率。然后根据输入的临界概率(综合岩心观察和夹层识别成果综合选值,一般为 $0.6 \sim 0.8$),对比临界概率,判断夹层是否存在。研究人员根据夹层识别结果对比测井曲线响应特征,进一步判断是否准确,如果准确,输出夹层判定结果并进入夹层展布预测步骤;如果不准确,可调整临界概率值,提高判断准确度。在达到识别精度要求后,点击输出结果,得到单井小层划分及夹层识别结果(图 1.7)。再依据软件提示,输入井位坐标和井斜数据,确定目标层位井位置;输入小层号,确定夹层展布研究层位;根据反距离加权平均法,在考虑单井位置的基础上计算单个网格夹层存在概率;人工检验并确定夹层存在区域;输出结果,获得夹层识别成果(图1.8)。

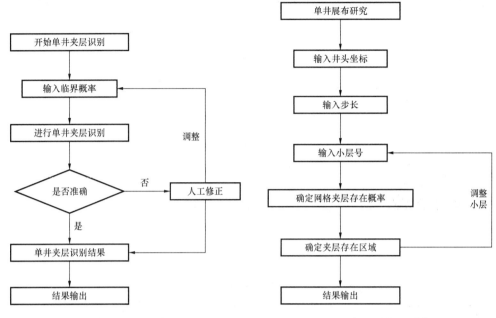

图 1.7 单井夹层识别流程图   图 1.8 夹层展布预测流程图

1.1.3.3 软件应用效果分析

首先利用不同类型夹层的测井曲线响应特征,开展单井夹层静态识别;然后利用单井开发动态特征对夹层静态识别结果进行校验,最终得到单井夹层识别成果,进一步分析可知单井夹层纵向分布特征。再利用夹层平面分布预测技术,结合夹层成因,得到夹层平面分布特征。最后,综合夹层纵向及平面分布特征,建立夹层三维分布模型,表征夹层空间分布特征,为探究夹层对开发效果控制作用奠定基础(图1.9)。

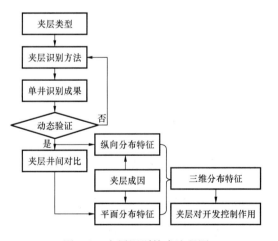

图 1.9 夹层识别技术流程图

以 PY5－1 油田为例,计算单井夹层分布情况及小层夹层展布情况。PY5－1 油田为低幅构造,储层为一套三角洲体系碎屑岩沉积,主要沉积微相为水下分流河道、河口坝及分流间湾等。PY5－1 油田由于沉积环境的交替变化,地质沉积过程中非均质性较为明显,夹层较为发育,其中以泥质夹层发育最充分,测井解释油层平均孔隙度为 21.5% ~31.5%、渗透率为$(1255.8 \sim 6042.7) \times 10^{-3} \mu m^2$,属于中—高孔隙度、特高渗透率储层。

（1）夹层纵向分布特征。

应用软件开展夹层识别，并以此为基础编制了多井夹层对比图（图1.10）。由图中可以看出，识别结果具有较高的准确性，目标油田泥质夹层非常发育，分布在油层中部和油层下部；其次是钙质夹层，主要分布在上部油层。

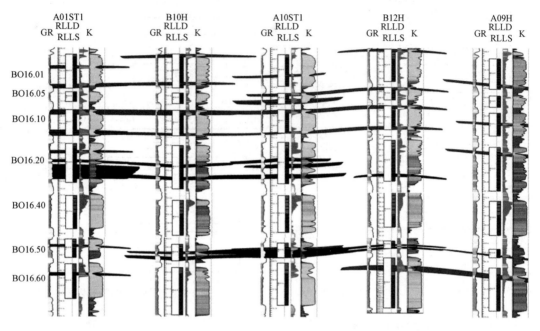

图1.10　A01ST – B10H – A10ST1 – B12H – A09H 夹层对比图

（2）夹层平面展布特征。

利用软件的夹层展布功能对油田的夹层分布情况进行了预测分析，目标油藏夹层展布范围为1个井区的较多，1~2个井区的总比例达到71.6%，展布范围为7个井区以上的较少，比例仅为7.4%。结果如图1.11和图1.12所示。

通过夹层平面展布识别，实现了对夹层的三维精细刻画，为油藏后续的精细地质建模及油藏数值模拟奠定了基础。

1.1.4　夹层分布模式

1.1.4.1　底水油藏夹层分布模式

根据底水油藏夹层分布特征，提出4种底水油藏夹层分布模式：单井零星夹层、多井交错叠置夹层、小范围连片夹层及大范围连片夹层（表1.1）。

（1）单井零星夹层：分布面积为1个井区，夹层厚度小于1m，渗透率小于$100 \times 10^{-3} \mu m^2$，驱替特征为次生边水—底水混合驱，对底水具有延缓作用。

（2）多井交错叠置夹层：分布面积为2~3个井区，夹层厚度为1~2m，渗透率小于$100 \times 10^{-3} \mu m^2$，驱替特征为近距离次生边水驱和次生底水驱，对底水具有延缓作用。

（3）小范围连片夹层：分布面积为2~4个井区，夹层厚度为1~2m，渗透率小于

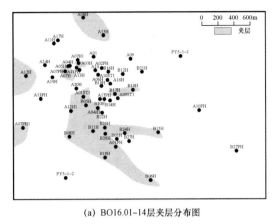

(a) BO16.01-14层夹层分布图

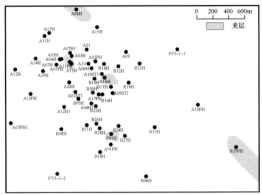

(b) BO16.10-4层夹层分布图

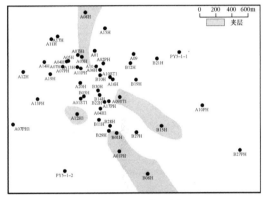

(c) BO16.40-2层夹层分布图

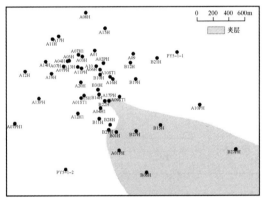

(d) BO16.40-4层夹层分布图

图 1.11 各油藏夹层平面展布图

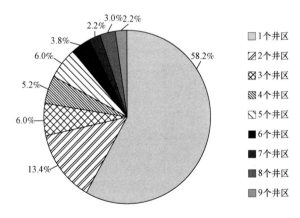

图 1.12 夹层分布范围占比

$50 \times 10^{-3} \mu m^2$,驱替特征为近距离次生边水驱,对底水具有极大延缓作用。

（4）大范围连片夹层:分布面积大于 5 个井区,夹层厚度大于 2m,渗透率小于 $10 \times 10^{-3} \mu m^2$,驱替特征为衰竭开发,对底水具有阻止作用。

表 1.1　底水油藏夹层分布模式

类型	模式图	分布面积	厚度/m	渗透率/$10^{-3}\mu m^2$	驱替特征	抑制底水能力	典型实例
单井零星夹层（模式Ⅰ）	OWC	1个井区	<1	<100	次生边水—底水驱	D级延缓	BO16.40　A07H1　A03H　A10
多井交错叠置夹层（模式Ⅱ）	OWC	2～3个井区	1～2	<100	次生边水—底水驱	C级延缓	BO16.01　A17H　A07H1　A03H
小范围连片夹层（模式Ⅲ）	OWC	2～4个井区	1～2	<50	次生边水驱	B级极大延缓	BO16.20　A03H A10 A06H B10H A16H A09ST1 B06H
大范围连片夹层（模式Ⅳ）	OWC	>5个井区	>2	<10	衰竭开发	A级阻止	BO17.46　A17H A07H1 A03H A10 A06H B10H

1.1.4.2　边水油藏夹层分布模式

根据边水油藏夹层分布特征,提出 3 种边水油藏夹层分布模式:夹层上方完井模式、夹层上下完井模式及夹层下方完井模式(表 1.2)。

表 1.2　边水油藏夹层分布模式

类型	模式图	驱替特征	剩余油分布模式及挖潜对策	备注
夹层上方完井模式		原生边水上侵型	夹层下方富集剩余油（水平井挖潜）夹层上方少量剩余油	（1）夹层分布范围越大,剩余油越富集;（2）开发时间越长,剩余油越少
夹层下方完井模式		原生边水下侵型	夹层上方剩余油更富集（水平井挖潜）夹层下方少量剩余油	
夹层上下完井模式		原生边水上下共侵型	夹层上下方均形成少量剩余油富集区（周期性改变油井工作制度）	

（1）夹层上方完井模式:该模式夹层导致水驱特征为原生边水上侵型,夹层上方剩余油较少,夹层下方剩余油富集[图1.13(a)]。

（2）夹层上下完井模式:该模式夹层导致水驱特征为原生边水上下共侵型,夹层上下方剩余油均比较少。[图1.13(b)]

（3）夹层下方完井模式:该模式夹层导致水驱特征为原生边水下侵型,夹层上方剩余油富集,夹层下方有少量剩余油[图1.13(c)]。

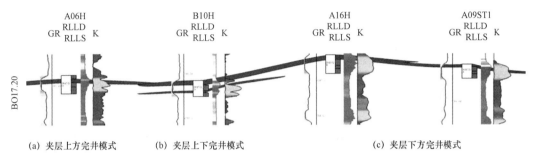

(a) 夹层上方完井模式   (b) 夹层上下完井模式   (c) 夹层下方完井模式

图 1.13　夹层模式实例

1.2　夹层对边底水油藏的油水运动控制

综合油藏特征和底水油藏夹层分布模式,利用数值实验技术模拟不同模式夹层对边底水油藏定向井底水锥进的控制作用。

1.2.1　夹层发育面积对底水油藏开发控制作用

将无量纲夹层面积定义为夹层面积与井控面积的比值,并设置如下实验方案(表1.3)。分别模拟定压和定液两种工作制度,以含水率达到98%为终止条件进行数值实验。

表1.3　无量纲夹层面积对底水油藏底水锥进控制作用实验方案表

实验方案	方案1	方案2	方案3	方案4	方案5	方案6
无量纲夹层面积	0	0.1	0.5	1.0	5.0	10.0

图1.14和图1.15分别给出了不同无量纲夹层面积对应的见水时间、无水期累计产油量变化图,定液和定压两种条件下有相同的规律:夹层位置一定时,随夹层面积增加,油井见水时间逐渐延长,油井无水期累计产油量也随之增大。

图1.16至图1.18给出了不同夹层面积下的底水上升随时间变化图,不同夹层面积下的底水上升规律不同:极小夹层底水锥进,小范围夹层底水锥进和绕流,大范围夹层底水绕流(类似边水)。

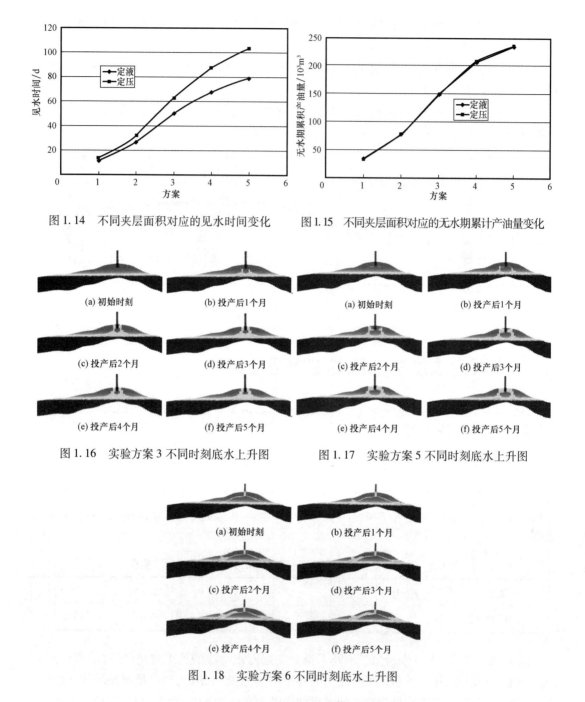

图 1.14 不同夹层面积对应的见水时间变化　　图 1.15 不同夹层面积对应的无水期累计产油量变化

图 1.16 实验方案 3 不同时刻底水上升图　　图 1.17 实验方案 5 不同时刻底水上升图

图 1.18 实验方案 6 不同时刻底水上升图

1.2.2 夹层发育位置对底水油藏开发控制作用

按照夹层距油水界面的距离占储层厚度的比值定量表征夹层位置,并设置如下实验方案(表1.4)。分别模拟定压和定液两种工作制度,以含水率达到98%为终止条件进行数值实验。

3.1.3.4 分段射孔对开发效果的影响

（1）水脊的形成与发展。

图 3.15 是水平井分段射孔方式的水脊形成与发展物理模拟实验结果，从左至右的三列分别是一段射孔、两段射孔及三段射孔。当水平井以一段射孔方式生产时，水平井出现一个位于水平井正中间的见水点，整个生产过程中水脊形成较早，水脊相对较陡。

当水平井以两段射孔方式投产时，水平井出现两个见水点，且两个见水点的见水时间不同，靠近跟端的生产段见水早，整个生产过程中水脊形成较晚，水脊相对平缓，在两个生产水平段中间处形成部分剩余油，随着生产持续而逐渐被驱替完毕。

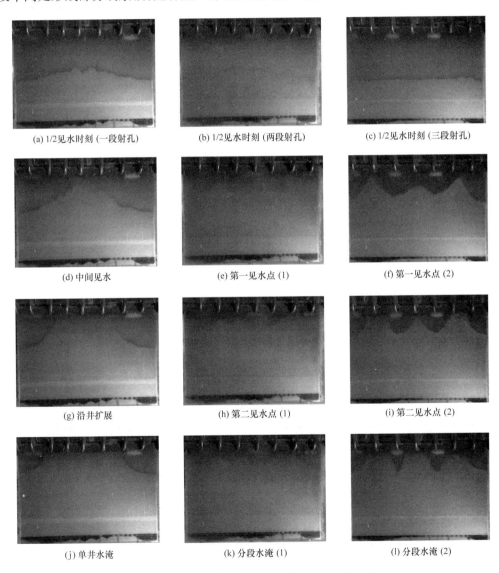

(a) 1/2见水时刻 (一段射孔)　　　(b) 1/2见水时刻 (两段射孔)　　　(c) 1/2见水时刻 (三段射孔)

(d) 中间见水　　　(e) 第一见水点 (1)　　　(f) 第一见水点 (2)

(g) 沿井扩展　　　(h) 第二见水点 (1)　　　(i) 第二见水点 (2)

(j) 单井水淹　　　(k) 分段水淹 (1)　　　(l) 分段水淹 (2)

图 3.15　水平井分段射孔下水脊形成与发展过程

当水平井以三段射孔方式生产时,水平井控制面积加大,底水脊进最慢,水脊形成最晚,水脊相对更为平缓。水平井有三个见水点,靠近跟端和趾端的水平井为第一见水点,二者见水时间相差不大,第二见水点处于中间段的水平段中部,见水较晚,这主要是由于生产井的井间干扰导致的,中间的水平段投产时,同时受两端水平段的影响,其水平井控制面积相对变小,产能下降,因此底水脊进较慢,中间的水平井段见水较晚。此后水脊分别沿着分段的井筒向两端扩展,直至分段井筒全部被底水水脊侵入,此后底水继续向上脊进,逐步开采井段间各段生产井段未控制住的剩余油。

(2)水平井产能变化特征。

从表3.4和图3.16可以看出,在开发前期,以三段方式投产的水平井产油速度最大,主要是其井控制面积最大,三段水平井同时开采产能叠加后大于以一段和两段式生产的水平井。在无水采油期和中低含水期优势较明显,在高含水期三者相差不大。

(3)水平井含水上升特征。

由图3.17可以看出,在中低含水期,以三段投产的水平井含水率最低,在高含水期三者相差不大。因此,分段投产可以延缓底水脊进,延长无水采油期,控制阶段含水率,有利于水平井开采底水油藏。

表3.4　分段射孔措施下各个生产指标对比

投产段数	水平井长度/ cm	见水时间/ min	初始产量/ (mL/min)	无水采油量/ mL	采收率/ %
一段	21	40	49	1795	76.4
两段	21	48	52	2256	80.6
三段	21	52	54	2536	84.3

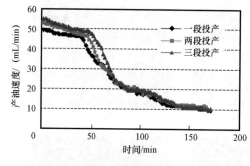

图3.16　分段射孔措施下产油速度对比图

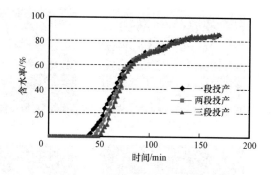

图3.17　分段射孔水平井含水率上升对比图

(4)采出程度。

由图3.18和图3.19可以看出,以多段投产的水平井阶段采出程度较高,在相同的采出程度时刻含水率也较低,因此多段投产有利于底水油藏水平井开发。

(5)数值实验。

为了拓展物理模拟实验结果,建立概念模型,开展数值实验研究。以600m长的水平井为例,采取不同的投产段数进行生产,每种情况下水平井平均按段数分配长度。在总投产长度一定的前提下,随着水平段投产段数的增加,见水时间相应地延迟,累计产油量也明显增加。分段投产相邻段之间容易形成大量剩余油,在高含水期,再采用相应的补孔技术,还可增加产油量,因此水平井分段射孔技术更适合开发底水油藏(表 3.5、图 3.20 和图 3.21)。

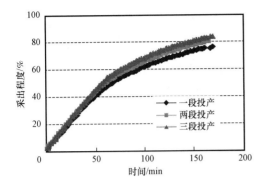
图 3.18 采出程度与时间关系曲线对比图

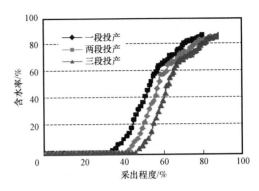
图 3.19 含水率与采出程度曲线对比图

表 3.5 概念模型分段射孔措施下各个生产指标对比

投产段数	见水时间/d	无水采油量/m³	累计产油量/m³	生产时间/d
一段	185	31060	113937	1215
两段	190	32657	126548	1325
三段	190	33363	140834	1455
四段	195	34925	157181	1610
五段	200	36492	174331	1770

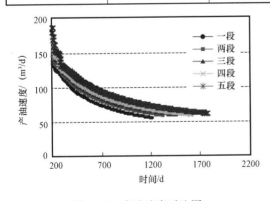
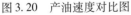
图 3.20 产油速度对比图

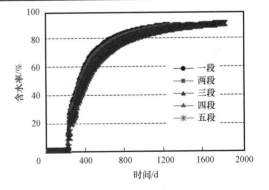
图 3.21 含水率上升曲线对比图

3.1.3.5 水平井沿程非均质对开发效果的影响

(1)水平井沿程渗透率两段式物理模拟研究。

本实验主要模拟了沿水平井筒油层渗透率呈两段式分布的情况,两段渗透率分别设为 $10.11\mu m^2$ 和 $2.33\mu m^2$,使水平井筒沿程渗透率级差达到 4。设计两组对比实验,一组是高渗、低渗区全井段均射孔完井,水平井长度 14cm;另外一组是只在低渗区射孔完井,水平井长度为 7cm(图 3.22 和图 3.23)。

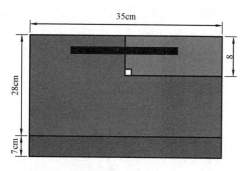

图 3.22　高渗、低渗同时完井示意图

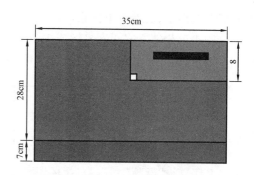

图 3.23　只在低渗完井示意图

① 水脊的形成与发展。

由图 3.24(a)可以看出,高、低渗同时射孔的情况下,底水以一定的角度向高渗透段倾斜推进,整个生产过程中低渗透段未被水驱动用,低渗区对产油无贡献,并且在低渗透段之下还形成了一层条带状的剩余油,与底水油藏不渗透隔板之下形成的"屋檐"油类似。说明整个低渗段在生产过程中没有压力降落,底水不能纵向驱替,即处于低渗透段的水平井段没有产量,同时也部分地解释了水平井产能往往低于理论计算值的原因。

整个水脊形态变化过程归纳为:倾斜推进→高渗凸起→高渗水淹→单翼抬升→低渗不动。实验结果说明当水平井筒沿程物性分布渗透率级差大于一定值后,低渗层段及其之下的"屋檐"油是底水油藏水平井高含水期的挖潜方向。

由图 3.24(b)可以看出:只在低渗段射孔的情况下,底水突破到低渗区之前,始终平行均匀推进而不产生水脊。低渗层段之下没有形成条带状的剩余油,底水可以直接驱替进入低渗区。但是整个生产过程中高渗段一直未被底水驱替,对产油无贡献。低渗段并未被底水完全驱替,零星分布着剩余油,这与低渗油藏驱替特点吻合。

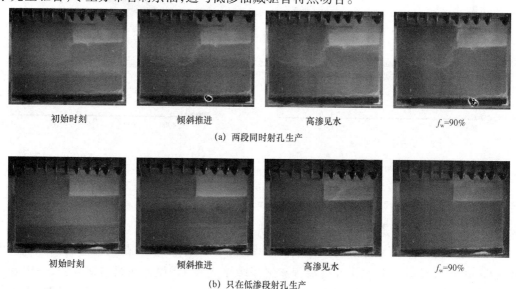

图 3.24　水平井沿程非均质性不同射孔方式水脊形成过程

② 水平井产能特征。

由表 3.6 中的实验数据对比可以看出,虽然高渗、低渗段均射孔生产的水平井长度是只在低渗段射孔生产的 2 倍,但实际上高渗、低渗均射孔的实验过程中,低渗段的射孔对产能无贡献,即二者的实际投产长度是相同的。因此两组实验的实际区别仅仅为投产段的渗透率不同。实验一与实验二的水平井初始产能之比为 8,可见水平井开发高渗底水油藏能力较强。实验一的无水期较短,是实验二的 1/8,其最终采收率是实验二的 1.3 倍。

因此,对于平面非均质性较强的油藏,当渗透率级差大于一定值,其开采策略是:首先射孔生产渗透率相对较高的区域,短时间内实现经济效益。当含水率达到 95% 以后,封堵高渗段,补射低渗段,挖潜低渗区域没有被动用的原油。该开发策略归纳为"先高后低,封高补低"。

表 3.6　平面非均质两段式实验数据对比

射孔区域	生产压差/ kPa	水平井长度/ cm	见水时间/ min	初始产量/ (mL/min)	无水采油量/ mL	采收率/ %
高渗、低渗	0.55	14	24	150	2881	70.4
低渗	0.55	7	195	18	2880	56.2
比值	1:1	2:1	1:8	8:1	1:1	1.3:1

③ 水平井含水上升特征。

由图 3.25 和图 3.26 可以看出,前者无水采油期较短,水平井快速见水,但含水率上升缓慢,其主要产油期为中高含水阶段。后者无水采油期较长,水平井一旦见水,其含水率快速上升,短时间内即进入高含水期,其主要产油贡献期为无水采油阶段。

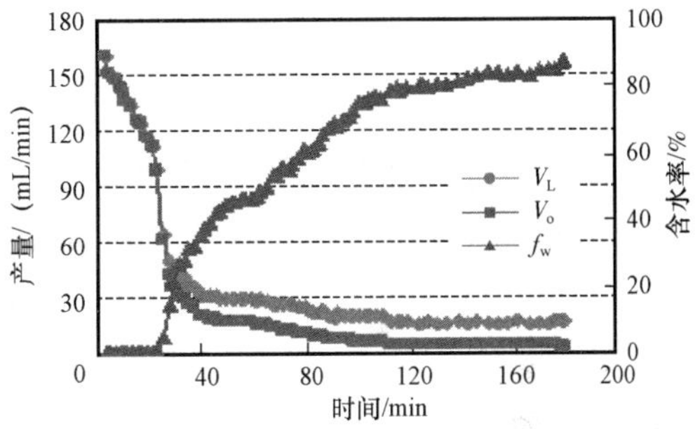

④ 采出程度。

由图 3.27 可以看出,相同采出程度条件

图 3.25　高渗、低渗同时生产的生产动态曲线

下,水平井在高渗、低渗段同时生产时,其含水率相对较低,随采出程度的增加含水率缓慢上升。当只在低渗段生产时,其采出程度在 50% 左右时含水率即迅速上升,很快进入高含水期。当含水率相同时,高渗、低渗段同时生产时采出程度也较高。

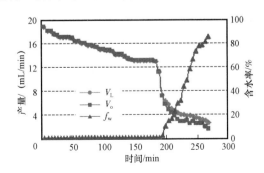

图 3.26　只在低渗段生产的动态曲线

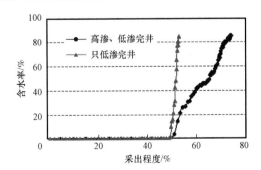

图 3.27　平面非均质两段式分布
含水率与采出程度关系图

（2）水平井沿程渗透率三段式物理模拟研究。

根据实验要求,研制水平井筒沿程渗透率三段式分布物理模型,使沿井渗透率分布级差近似为 4∶1∶2 和 4∶2∶1,详细模型示意如图 3.28 和图 3.29 所示。

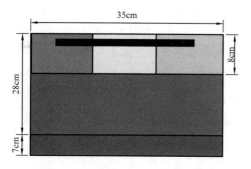

图 3.28　渗透率 4∶1∶2 分布模式示意图

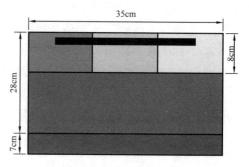

图 3.29　渗透率 4∶2∶1 分布模式示意图

① 水脊的形成与发展。

由图 3.30 可以看出,水平井沿程三段式分布实验现象既验证了两段式实验的结论,同时又得出了新的认识:当渗透率级差大于 4 时,水平井沿程渗透率级差只在相邻井段之间产生影响,不相邻井段之间不产生影响。推广到平面非均质性较为严重的实际油藏,水平井沿程渗透率存在较大级差时,将导致水平井沿程多处井段对产能基本无贡献,这也间接解释了水平井产能往往低于理论计算值的原因。

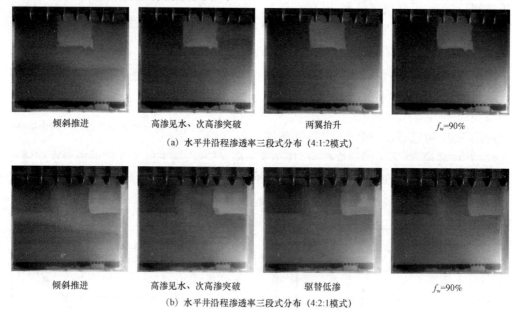

图 3.30　水平井沿程非均质性不同射孔方式水脊上升过程

② 水平井产能特征。

表 3.7 为水平井沿程渗透率三段式分布实验数据,渗透率级差为 4∶1∶2 时的初始产量比渗透率级差 4∶2∶1 时的低。分析原因在于前者实际投产的水平段不足 21cm,其水平

井中间段对产能无贡献,而后者整个水平段均对产能有贡献。因此,由于前者的实际投产段短以及存在低渗段不动用的情况,其无水采油量和采收率都较后者低。

表 3.7　平面非均质三段式分布实验数据对比

渗透率级差	生产压差/kPa	水平井长度/cm	见水时间/min	初始产量/（mL/min）	无水采油量/mL	采收率/%
4∶1∶2	0.55	21	28	141	2918	74.6
4∶2∶1	0.55	21	24	160	3015	79.8
比值	1∶1	1∶1	1.2∶1	0.9∶1	1∶1	0.9∶1

③ 水平井含水上升特征。

由图 3.31 和图 3.32 可以看出,当水平井沿程渗透分布为 4∶1∶2 时,由于前两段级差大于临界级差,中部低渗段始终没有被动用,水脊先后在第一段和第三段突破,相应的含水曲线上便出现了一个"台阶"。当水平井沿程渗透分布为 4∶2∶1 时,相邻两段的级差均小于临界级差,三段全部被动用,但每一段见水时间不同,于是产生了先后两个台阶。由此可知,水平井水平段沿程渗透率非均质模式对水平井动用范围及含水上升规律有着重要的影响。

"台阶式"含水上升曲线,主要是由于被大段不渗透的隔夹层或相对低渗段所分割开的水平井投产段,由于渗透率、水平段长度等物性参数的不同,见水时间不同,而当每一段水平段见水时,含水率就会突然增大,产生一个台阶,因此,含水率曲线上的台阶数应与水平井投产段穿过的非连续高渗层段数量一致。

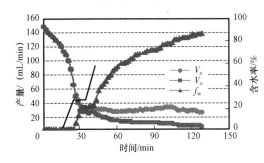

图 3.31　级差为 4∶1∶2 时的含水上升图　　　图 3.32　级差为 4∶2∶1 时的含水上升图

3.1.3.6　隔夹层对开发效果的影响

利用三维可视化物理模拟装置,开展下伏隔夹层对水平井开发底水油藏实验,研究隔夹层不同垂向位置及不同空间大小展布时的底水上升规律、水脊形成与发展机理,探究隔夹层对油藏的无水采油期及最终采收率的影响。实验中的隔夹层使用不渗透的有机玻璃板进行模拟。

(1)隔夹层垂向位置对开发效果的影响。

研究隔夹层垂向位置对底水脊进的影响时,开展三组对比实验(图 3.33)。实验一是均质无隔夹层油藏。实验二是发育隔夹层的油藏,隔夹层大小为 $11cm \times 7cm$,约占油藏 1/3,垂向上距离油水界面 5cm。实验三是发育隔夹层的油藏,隔夹层大小为 $11cm \times 7cm$,约占油藏 1/3,隔夹层距离油水界面 10cm。

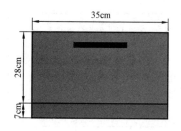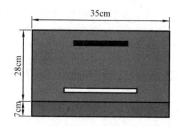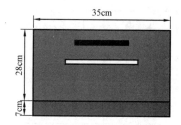

图 3.33 隔夹层垂向位置示意图

① 水脊的形成与发展。

发育隔夹层的底水油藏,整个生产过程中,底水首先均匀推进,水脊接近隔夹层时发生绕流,隔夹层之下形成"屋檐"油,然后底水绕流卷过夹层,再以边水横扫的驱替形式驱替夹层上部的"屋顶"油,之后再次进行底水的脊进驱替,直至水脊突破到水平井,见水位置在水平井中部,底水接着沿水平井井筒向跟端和趾端扩展,同时水脊两翼抬升,直至水平井全井段水淹。从水脊的形成及发展过程来看,在油水界面附近的隔夹层上部易产生"屋顶"油,靠近水平井远离油水界面的隔夹层下部出现"屋檐"油,这两处的剩余油为油藏高含水期挖潜剩余油的主要方向。含有隔夹层的底水油藏底水脊进的过程可归纳为:均匀托进→底水绕流→边水横扫→底水脊进→油井见水(图 3.34)。

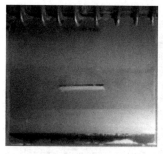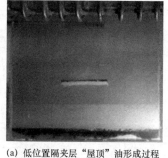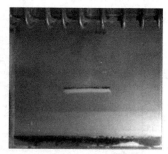

(a) 低位置隔夹层"屋顶"油形成过程

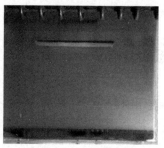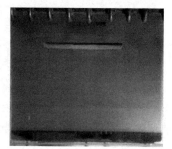

(b) 高位置隔夹层"屋檐"油形成过程

图 3.34 底水脊进典型形态图

同时,实验还表明:首先底水的水锥峰值并不是在夹层下部正中央,而应出现在夹层的边部,即底水绕流时在夹层边部出现峰值;其次,隔夹层下部在开发前期应出现"屋檐"油,并随着生产的进行"屋檐"油的面积逐渐减小;最后,底水绕流后应以边水横扫的方式进行驱替,之后才是底水脊进驱替,并且上部将有大量的"屋顶"油,其面积也逐渐减小。

② 水平井产能特征。

由表3.8可以看出,无隔夹层的均质底水油藏的水平井见水最早,无水采油期最短,低位置隔夹层次之,高位置隔夹层的无水采油期最长;均质底水油藏的初始产量最大,而高位置隔夹层最低,说明夹层在一定程度上影响了底水的能量。同时说明隔夹层可以延缓底水的脊进速度,隔夹层位置越高抑制底水脊进的效果越明显。均质油藏的无水采油量和最终采收率最低,高位置隔夹层最高(图3.35)。因此,综合考虑水平井产能的损失、无水采油量及最终采收率,含隔夹层的非均质油藏更有利于底水油藏的开发,要充分利用隔夹层,且隔夹层靠近水平井、远离油水界面时开发效果较好。

③ 水平井含水上升特征。

由图3.36可以看出,均质油藏由于无隔夹层抑制底水的脊进,致使底水的能量充分发挥作用,导致水平井过早见水,并且含水率迅速上升,短时间内即进入高含水阶段。在含有隔夹层的油藏中,水平井见水时间延迟,含水率上升缓慢,并且随着隔夹层距离油水界面的距离增加,上升趋势更加平缓。在任何同一时刻,均质油藏的含水率最高,高位置隔夹层油藏的含水率最低。

表3.8 隔夹层不同垂向位置实验数据对比

夹层位置	水平井长度/cm	见水时间/min	初始产量/(mL/min)	无水采油量/mL	采收率/%
无夹层	7	32	100	2654	75.6
低隔夹层	7	42	92	3076	83.2
高隔夹层	7	60	85	3548	88.7

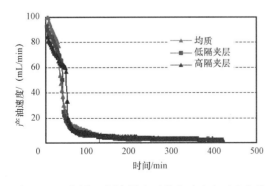

图3.35 不同位置隔夹层水平井产油速度对比曲线

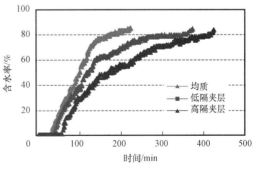

图3.36 不同位置隔夹层含水率对比曲线

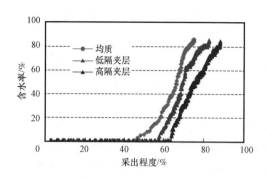

图 3.37 不同位置隔夹层含水率与
采出程度关系图

④ 采出程度。

由图 3.37 可以看出,均质油藏中水平井在较低的采出程度时即见水,与含有隔夹层的油藏相比,在相同的采出程度时刻均质油藏的含水率也最高,带有较高位置隔夹层的油藏含水率最低,含水率相同时高位置隔夹层油藏的采出程度最大,其最终的采出程度也最高。因此,可以充分利用油藏中的隔夹层,将水平井布在隔夹层上方,或者采用人造隔夹层技术手段,并远离油水界面布置人造隔夹层,以达到延缓底水脊进、提高采收率的目的。

(2)隔夹层面积对开发效果的影响。

保持隔夹层平面宽度不变、距油水界面高度不变的条件下,研究隔夹层长度对底水由此开发效果的影响。隔夹层长度分别为5cm、11cm 及18cm,占油藏长度的1/7、1/3 及 1/2。图 3.38 为隔夹层大小的示意图,从左至右隔夹层依次为5cm、11cm 及 18cm。

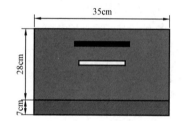 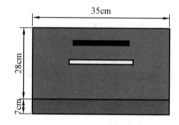 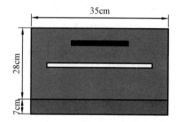

图 3.38 不同大小隔夹层示意图

① 水平井产能特征。

由表 3.9 和图 3.39 可以看出,随着隔夹层长度的增加,水平井见水时间延长,水平井的初始产量随之下降。说明隔夹层的大小对底水的脊进速度有很大的影响,但随着隔夹层大小的增加,无水采油量和采收率都相应增加。因此,综合考虑水平井产能的损失、油藏的无水采油量及采收率分析认为较大的隔夹层更有利于底水油藏的开发。

表 3.9 隔夹层不同大小展布实验数据对比

夹层大小/cm	生产压差/kPa	见水时间/min	初始产量/(mL/min)	无水采油量/mL	采收率/%
5	0.55	46	90	3261	80.7
11	0.55	60	85	3548	88.7
18	0.55	78	76	3925	91.0

② 水平井含水上升特征。

由图 3.40 可以看出,在水平井附近布置人造隔夹层时,水平井含水率均缓慢上升,并且随着隔夹层面积的增加,底水受到抑制作用越明显,水平井见水时间延迟,含水率上升越缓慢,在任何相同一时刻,发育较大的隔夹层油藏含水率最低。因此,要充分利用隔夹层对底水的遮挡作用,应尽量使夹层靠近水平井,并且应适当增加隔夹层的大小。

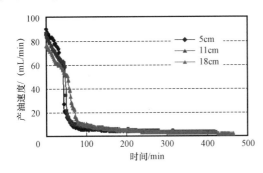

图 3.39　不同隔夹层大小产油速度对比图

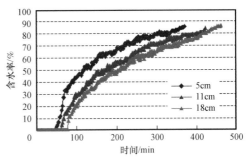

图 3.40　不同隔夹层大小含水率对比图

③ 采出程度。

由图 3.41 可以看出,随着隔夹层大小的增加,油藏在开采较高的程度后才开始见水,且含水率相对较低,因此,底水油藏中发育较大隔夹层时,开发效果更好。

（3）隔夹层垂向渗透性对开发效果的影响。

实际油藏中,隔夹层渗透率不会等于 0。考虑油藏的实际情况,通过数值模拟手段建立概念模型,研究隔夹层的渗透率对底水油藏开发效果的影响。选取油藏的垂向渗透率为

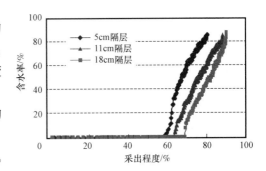

图 3.41　不同大小隔夹层含水率与
采出程度关系对比图

$350 \times 10^{-3} \, \mu m^2$,构建不同的隔夹层渗透率,并与油藏的垂向的渗透率成一定的比例。由此得到油藏条件下利于油藏开发的隔夹层渗透率(表 3.10)。

表 3.10　不同渗透率隔夹层底水油藏开发关键参数对比

渗透率比值	累计产油量/ $10^4 m^3$	采收率/ %	无水采油量/ $10^4 m^3$	初产/ (m^3/d)	末产/ (m^3/d)	见水时间/ d
0	28.42	33.86	5.85	57.59	23.60	1065
0.0001	28.58	34.06	5.87	57.85	23.75	1050
0.001	29.22	34.82	5.92	59.82	24.23	1020
0.005	30.99	36.93	6.28	66.31	26.77	980
0.01	27.59	32.88	6.67	72.59	28.52	945
0.05	17.49	20.84	5.32	97.48	37.31	560
0.1	14.12	16.82	4.27	109.22	40.38	395
1	10.73	12.79	3.20	130.55	46.01	250

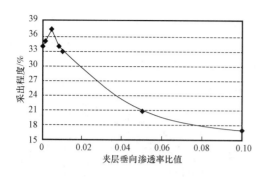

图 3.42　采出程度与夹层垂向渗透率比值关系曲线

由表 3.10 和图 3.42 可以看出,当隔夹层的渗透率占油藏的垂向渗透率的 0.5% 左右时,油藏的最终采收率最大,无水采油量也相对较高。因此,针对实际油藏,可以适当采取人造隔夹层来提高油藏的开采程度。

由图 3.43 可知,随着隔夹层渗透率的增加,油藏两翼的剩余油量也随之增加,隔夹层下部的"屋檐"油面积逐渐变小。剩余油饱和度呈现先降后升的趋势。因此,隔夹层渗透率对水平井开发底水油藏有着很大的影响。

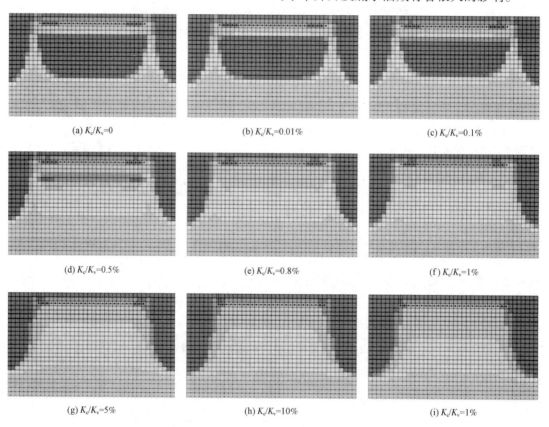

(a) $K_c/K_v=0$　　　　　　　(b) $K_c/K_v=0.01\%$　　　　　　　(c) $K_c/K_v=0.1\%$

(d) $K_c/K_v=0.5\%$　　　　　　　(e) $K_c/K_v=0.8\%$　　　　　　　(f) $K_c/K_v=1\%$

(g) $K_c/K_v=5\%$　　　　　　　(h) $K_c/K_v=10\%$　　　　　　　(i) $K_c/K_v=1\%$

图 3.43　不同隔夹层渗透率下的剩余油饱和度

3.1.3.7　储层韵律性对开发效果的影响

主要模拟了均质、正韵律和反韵律三类油藏,探讨其对底水油藏开采效果的影响(图 3.44)。

(1)水平井产能特征。

由表 3.11 和图 3.45 中可以看出,反韵律油藏中水平井初始产能最高,均质油藏次之,正韵律油藏最低;反韵律油藏无水期累计采油量最高,正韵律油藏次之,均质油藏最低;反韵律油藏和均质油藏均具有较高的采收率,正韵律油藏采收率最低。

（2）水平井含水上升特征。

由图 3.46 可以看出,反韵律油藏中水平井阶段含水率最高,正韵律最低。

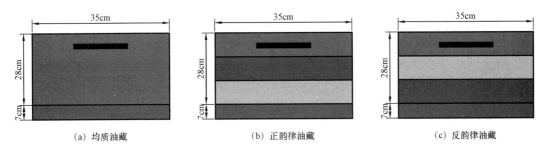

(a) 均质油藏　　　　　　　　　(b) 正韵律油藏　　　　　　　　　(c) 反韵律油藏

图 3.44　不同韵律类型油藏结构示意图

表 3.11　地层韵律油藏实验数据对比

油藏类型	生产压差/ kPa	见水时间/ min	初始产量/ （mL/min）	无水采油量/ mL	采收率/ %
均质	0.55	30	100	2654	77.8
正韵律	0.55	64	72	3568	72.2
反韵律	0.55	40	120	3833	80.1

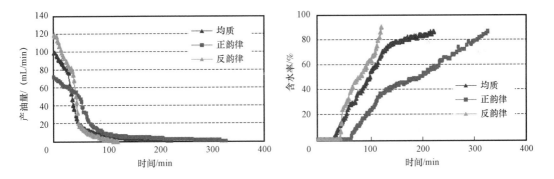

图 3.45　不同韵律油藏水平井产油速度对比图　　　图 3.46　不同韵律油藏水平井含水率上升曲线对比图

3.1.3.8　油水黏度比对开发效果的影响

实验模拟了黏度分别为低黏度（1.1mPa·s）、中黏度（6mPa·s）及高黏度（11mPa·s）的油样,研究不同的油水黏度比对底水油藏开采效果的影响。

（1）水脊的形成与发展。

图 3.47 从左至右依次是实验油样黏度分别为 1.1mPa·s、6mPa·s 及 11mPa·s 的底水水脊形成与发展上升过程。随着黏度增加,底水脊进的阻力增加,脊进速度变慢,在相同的含水率时刻,水脊两翼的剩余油量增加。同时,黏度越大,指进现象越明显,底水推进时在局部区域无法驱替,形成"死油区",与真实油藏接近。

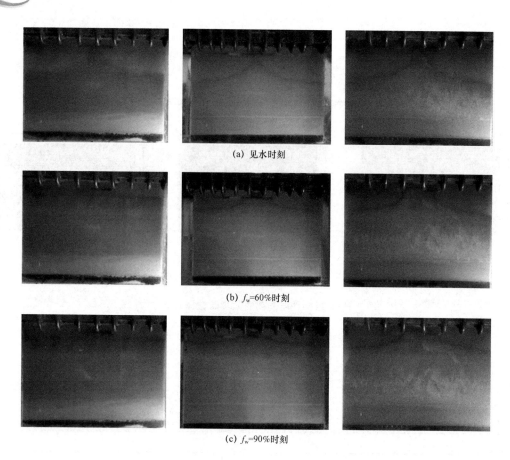

(a) 见水时刻

(b) f_w=60%时刻

(c) f_w=90%时刻

图 3.47　不同油水黏度比下的水脊形成与发展过程

（2）水平井产能特征。

由表 3.12 和图 3.48 产油曲线可以看出，随着原油黏度的增加，水平井初始产能也随之下降，主要是黏度的增加使油水的运动阻力变大所导致的。黏度越大，阻力也越大，水平井产能下降越大。同时，随着黏度的增加无水采油量和最终采收率都大幅度下降，因此黏度越大越不利于油藏的开采。

（3）水平井含水上升特征。

黏度增加，油水运动阻力增加，因此水平井的见水时间也相应地延迟，无水采油期变长。油藏中原油黏度较低时，其见水时间较短，含水率上升较高，短时间内即达到高含水阶段，随着黏度的增加，含水上升趋势变缓，高含水期为主要的产油期（图 3.49）。

表 3.12　不同油水黏度比下各个生产指标对比

黏度/ （mPa·s）	见水时间/ min	初始产量/ （mL/min）	无水采油量/ mL	采收率/ %	实验时间/ min
1.1	30	100	2654	77.87	222
5	116	23.5	2238	72.61	448
11	145	14.5	1795	70.23	752

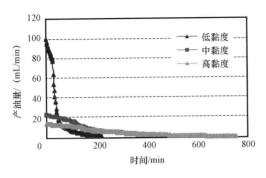

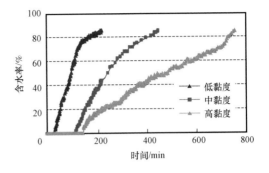

图 3.48　不同油水黏度比下产油速度对比图　　　　图 3.49　不同油水黏度比下含水率对比图

3.2　边水油藏定向井开发三维物理模拟技术

3.2.1　物理模拟实验装置研制

根据油田实际生产特征,利用相似准则研制三维可视化物理模拟模型(图 3.50)。

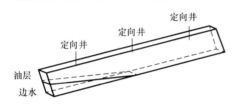

（a）物理模拟模型示意图　　　　　　　　　（b）物理模拟实际装置

图 3.50　CB 油田三维可视化物理模拟模型

3.2.1.1　相似准则

相似准则是将实际物理量如长度、时间、力、速度缩小或扩大来进行实验的依据。油藏物理模拟实验的实验主要是依据相似准则来模拟实际油藏的生产特征。对于 CB 油田强边水油藏物理模拟实验的设计,主要考虑几何相似、动力相似及运动相似。

（1）连续性方程。

油相:

$$\mathrm{div}(\rho_\mathrm{o} v_\mathrm{o}) + \frac{\partial}{\partial t}(\rho_\mathrm{o} S_\mathrm{o} \phi) - \rho_\mathrm{o} q_\mathrm{o} = 0 \tag{3.19}$$

水相:

$$\mathrm{div}(\rho_\mathrm{w} v_\mathrm{w}) + \frac{\partial}{\partial t}(\rho_\mathrm{w} S_\mathrm{w} \phi) + \rho_\mathrm{w} q'_\mathrm{w} - \rho_\mathrm{w} q_\mathrm{w} = 0 \tag{3.20}$$

式中　ρ_o,ρ_w——油相、水相密度,g/cm^3;

v_o，v_w——油相、水相速度，m/s；

ϕ——有效孔隙度；

S_o，S_w——含油饱和度、含水饱和度；

t——驱替时间，s；

q_o，q_w——模型生产井处油相、水相源汇项，m^3/d；

q'_w——模型注水井处水相源汇项，m^3/d。

（2）运动方程。

$$v_o = -\frac{KK_{ro}}{\mu_o}(\nabla p_o - \rho_o g \nabla Z) \qquad (3.21)$$

$$v_w = -\frac{KK_{rw}}{\mu_w}(\nabla p_w - \rho_w g \nabla Z) \qquad (3.22)$$

式中　K——基质块的绝对渗透率，$10^{-3}\mu m^2$；

K_{ro}，K_{rw}——分别是油相、水相相对渗透率；

μ_o，μ_w——分别是油相、水相黏度，mPa·s；

p_o，p_w——分别是油相、水相压力，10^5Pa；

Z——流体通过的垂向距离，cm。

（3）辅助方程。

$$S_o + S_w = 1 \qquad (3.23)$$

$$p_o - p_w = p_{cwo} \qquad (3.24)$$

式中　p_{cwo}——毛管压力，10^5Pa。

（4）边界条件及初始条件。

边界条件：

$$q_o = \pi D \int_0^{H_w} \frac{KK_{ro}}{\mu_o B_o}(\nabla p_o - \rho_o g \nabla Z)\,dh \qquad (3.25)$$

$$q_w = \pi D \int_0^{H_w} \frac{KK_{rw}}{\mu_w}(\nabla p_w - \rho_w g \nabla Z)\,dh \qquad (3.26)$$

$$\left.\frac{\partial p}{\partial h}\right|_L = 0 \qquad (3.27)$$

式中　H_w——射孔长度，m；

D——井筒直径，m。

初始条件：

$$P(x,y,z,t)\big|_{t=t_0} = p_i \qquad (3.28)$$

$$S_o(x,y,z,t)\big|_{t=t_0} = S_{oi} \qquad (3.29)$$

$$S_{\text{w}}(x,y,z,t)\big|_{t=t_0} = S_{\text{wc}} \qquad (3.30)$$

式中　p_{i}——油藏模型的初始压力,10^5Pa;

　　　S_{oi}——油藏的残余油饱和度;

　　　S_{wc}——油藏的束缚水饱和度。

把所有的物理量转换成无量纲的形式代入到数学模型方程中,进行多项式处理,最终得到了以下 16 个相似数(表 3.13)。

表 3.13　相似准则分类及物理意义

类型	相似准则	模拟参量
几何相似	$\pi_1 = \dfrac{L_1}{L_2}$	油藏长与宽之比
	$\pi_2 = \dfrac{L_1}{H}$	油藏长与厚度之比
	$\pi_3 = m$	气顶指数相似
	$\pi_4 = \theta$	油藏角度相似
压力相似	$\pi_5 = \dfrac{\Delta p}{\rho_{\text{o}} g H}$	生产压差与重力之比
	$\pi_6 = \dfrac{\Delta p}{p_{\text{c}}}$	生产压差与毛管压力之比
生产动态相似	$\pi_7 = \dfrac{K K_{\text{rw}} \Delta p t}{\mu_{\text{w}} L_1^2 \phi S_{\text{wc}}}$	用 ϕ、ΔS 加以修正的达西公式
	$\pi_8 = \dfrac{D K K_{\text{ro}} \Delta p H_{\text{w}}}{\mu_{\text{o}} L_1 q_{\text{o}}}$	
	$\pi_9 = \dfrac{D K K_{\text{rw}} \Delta p H_{\text{w}}}{\mu_{\text{w}} L_1 q_{\text{w}}}$	油、气、水井注采量相似
	$\pi_{10} = \dfrac{D K K_{\text{rg}} \Delta p H_{\text{w}}}{\mu_{\text{g}} L_1 q_{\text{g}}}$	
	$\pi_{11} = \dfrac{q_{\text{o}}}{q_{\text{w}}},\dfrac{q_{\text{o}}}{q_{\text{g}} B_{\text{g}}}$	油水、油气产量之比
	$\pi_{12} = \dfrac{q_{\text{o}} t}{m N},\dfrac{q_{\text{w}} t}{m N}$	油产量与地质储量,水产量与地质储量之比
物性相似	$\pi_{13} = \dfrac{\rho_{\text{o}}}{\rho_{\text{w}}},\dfrac{\rho_{\text{o}}}{\rho_{\text{g}}}$	油水,油气密度之比
	$\pi_{14} = \dfrac{K_{\text{ro}} \mu_{\text{w}}}{K_{\text{rw}} \mu_{\text{o}}},\dfrac{K_{\text{ro}} \mu_{\text{g}}}{K_{\text{rg}} \mu_{\text{o}}}$	油水,油气流度之比
	$\pi_{15} = \dfrac{S_{\text{oi}}}{\Delta S},S_{\text{oi}}$	初始饱和度场相似
	$\pi_{16} = \dfrac{B_{\text{g1}}}{B_{\text{g2}}},\dfrac{Z_1 p_2}{Z_2 p_1}$	气相膨胀能量相似

3.2.1.2　模型参数设置结果

基于 CB 油田倾角范围、流体性质等参数,利用相似准则推导出三维可视化模型参数,结果见表 3.14。

表 3.14　模型值与油藏原始值的对比

参数名称	原始油藏参数	三维物理模型参数
油藏长度/m	1500	1
油藏宽度/m	50	0.05
油藏厚度/m	15.7	0.2
孔隙度/%	30	30
渗透率/$10^{-3}\mu m^2$	1500	1500
井径/mm	138	0.03
气顶指数	0.1	0.1
油藏倾角/(°)	2	15
原油黏度/(mPa·s)	57	57
原油密度/(kg/m³)	833	833
地层初始压力/MPa	16.6	0.22

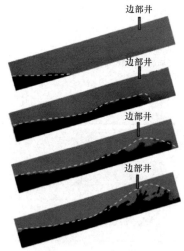

图 3.51　边水水侵含油
饱和度变化图

3.2.2　天然边水入侵近井实验

为了揭示 CB 油田边水驱替方式的转变过程和驱替机理,利用物理模拟实验进行反演。实验中将油层渗透率级差设为 3 倍的正韵律油层。

开发初期,由于非均质性,边水沿底部高渗层快速推进,直奔边部井。到了开发中期,次生底水形成,随着时间推移,次生底水向低渗油层推进时,受到较大的渗流阻力,水锥推进速度明显降低,井排左边剩余油变化不明显。开发后期,次生底水水锥形成,相较于均质油藏,非均质油藏沿底部突进的程度更大,说明渗流阻力是一个不容忽视的因素(图 3.51)。

物理模拟实验表明,在次生底水驱替下油井形成明显的水锥,剩余油主要集中在油层的顶部(井间),故将边水驱替油藏剩余油分布模式分为三种(表 3.15)。

表 3.15　边水驱替模式总结

开发阶段	开发初期	开发中期	开发后期
驱替模式	边水驱	次生边水驱	底水驱

3.2.3 天然边水驱多井实验

为了揭示 CB 油田边水驱替方式的转变过程和驱替机理,利用物理模拟实验进行反演。实验中将油层渗透率级差设置为 3 倍的正韵律油层。

3.2.3.1 实验设备及材料

(1)实验装置。

模拟边底水油藏边部区、中部区及内部区剩余油演化规律(均质)方案如图3.52所示。

(2)实验参数。

① 模型尺度参数:长 100cm,宽 5cm,高 20cm。

② 生产井长度:水平井 3cm,定向井 4cm。

③ 渗透率顶底级差对比参数:正韵律,3 倍。

(3)实验材料。

细铁丝网、改型丙烯酸酯 AB 胶、直径 0.3mm 细空心钢管、机油、煤油、苏丹Ⅲ染色剂、墨水、石英砂、若干空心塑料管、流通阀、中间容器、泵、气瓶、透明钢化玻璃、铸铁等。

3.2.3.2 剩余油分布规律

(1)边部区:在油藏底部快速形成次生底水,井排左侧有少量剩余油富集;

(2)中部区:受边部区见水的影响,中部区见水的时间间隔明显大于边部区见水的时间,井排间受次生底水上托作用的影响有薄层状剩余油富集;

(3)内部区:见水时间更晚,与中部区之间的剩余油以块状分布在靠近上部的位置,是后期挖潜的主力剩余油富集区(图3.53)。

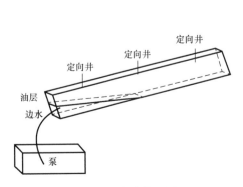

图 3.52　实验装置图

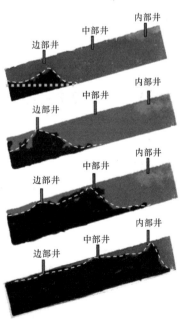

图 3.53　边水天然能量水驱含油饱和度分布

由图 3.54 可知,剩余油油柱高度表现为 $H_1 < H_2 < H_3$,水锥角表现为 $\theta_1 > \theta_2 > \theta_3$,即区域水锥角度不同且波及范围不同,内部区域油井水锥更窄、井间剩余油更富集。这主要是由于油藏存在一定倾角,不同区域水驱能量和压力场不同。

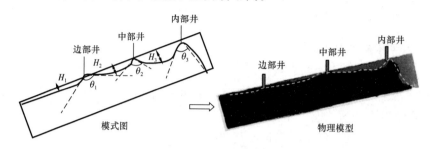

图 3.54　边水天然能量水驱波及规律

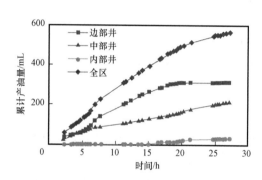

图 3.55　边水天然能量水驱累计产油量

3.2.3.3　实验数据分析

物理模拟实验结果中油藏单井及整体累计产油量的相对大小与油藏数值模拟的结果基本一致。即衰竭开采过程中的产油主要集中在低部位井排,随着油藏开发部位的提高,单井累计产油量逐渐变小,主要原因是能量供给的不足。因此,在后续实验中将探讨能量补充后,各区域剩余油分布以及累计产油量、累计产液量的变化情况(图 3.55)。

3.3　边水油藏注采驱替物理模拟技术

3.3.1　边部关井中部转注实验

3.3.1.1　实验目的及相关材料

(1)实验目的。

模拟边水油藏边部区水淹井关井、中部区生产井转注条件下,剩余油演化规律。

(2)实验参数。

① 模型尺度参数:长 100cm,宽 5cm,高 20cm。

② 生产井长度:水平井 3cm,定向井 4cm。

③ 渗透率顶底级差对比参数:正韵律,3 倍。

(3)实验材料。

细铁丝网、改型丙烯酸酯 AB 胶、直径 0.3mm 细空心钢管、机油、煤油、苏丹Ⅲ染色剂、墨水、石英砂、若干空心塑料管、流通阀、中间容器、泵、气瓶、透明钢化玻璃、铸铁等。

3.3.1.2 井间剩余油变化规律

转注前:随着各区依次见水,边水波及范围不再继续扩大,剩余油区域不再收缩,此时边部井排单井含水率达到95%以上,中部井排单井含水率达到90%以上(图3.56)。此时边部区应当关闭高含水井,同时将中部区高含水井转注以继续扩大波及。

转注后:关闭边部高含水井 + 转注中部高含水井之后,油藏整体含水上升趋势得到明显抑制,井间剩余油分布范围继续缩小,剩余油主要集中于油藏的高部位(图3.57)。

实验结果表明关闭边部高含水井 + 转注中部高含水井之后,地层能量得到有效补充,内部井产液量和产油量得到提高(图3.58 和图3.59)。这充分证明转注措施对于内部井的作用效果非常明显,能有效提高内部井产能,挖潜井间剩余油效果明显。

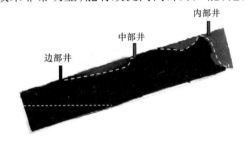

图 3.56 转注前含油饱和度分布

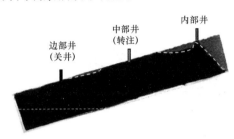

图 3.57 转注后含油饱和度分布

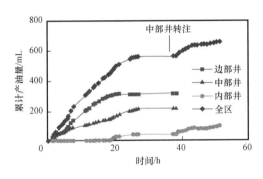

图 3.58 全区累计产油量

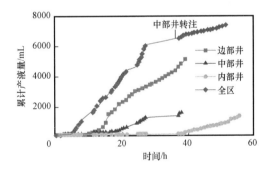

图 3.59 全区累计产液量

3.3.2 开发后期井间加密实验

3.3.2.1 实验设备及材料

(1)实验目的。

模拟边底水油藏不同部位(边部与中部、中部与内部之间)加密后,剩余油演化规律。

(2)实验参数。

① 模型尺度参数:长 100cm,宽 5cm,高 20cm。

② 生产井长度:水平井 3cm,定向井 4cm。

③ 渗透率顶底级差对比参数:正韵律 3 倍。

（3）实验材料

细铁丝网、改型丙烯酸酯AB胶、直径0.3mm细空心钢管、机油、煤油、苏丹Ⅲ染色剂、墨水、石英砂、若干空心塑料管、流通阀、中间容器、泵、气瓶、透明钢化玻璃、铸铁等。

3.3.2.2 井间剩余油变化规律

随着开发深入，油藏波及范围持续增大，油藏含水率整体达到了92%以上，油藏驱替基本达到了最低限度（图3.60）。为了进一步挖潜剩余油，在边部井、中部井、内部井之间加密部署2口水平井，新部署的2口水平井周围形成新的水脊，油藏剩余油被进一步分割。受重力作用，油藏低部位剩余油已基本消失，剩余油主要集中在高部位（图3.61）。

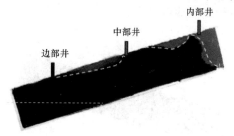 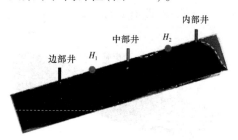

图3.60 加密前含油饱和度分布　　　图3.61 加密后含油饱和度分布

3.3.3 正韵律天然水驱实验

3.3.3.1 实验设备及材料

（1）实验目的。

模拟正韵律条件下，边底水油藏边部区、中部区与内部区剩余油演化规律。

（2）实验参数。

① 模型尺度参数：长100cm，宽5cm，高20cm。

② 生产井长度：水平井3cm，定向井4cm。

③ 渗透率顶底级差对比参数：正韵律3倍。

（3）实验材料。

细铁丝网、改型丙烯酸酯AB胶、直径0.3mm细空心钢管、机油、煤油、苏丹Ⅲ染色剂、墨水、石英砂、若干空心塑料管、流通阀、中间容器、泵、气瓶、透明钢化玻璃、铸铁等。

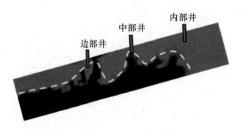

图3.62 正韵律天然能量水驱含油饱和度分布

3.3.3.2 井间剩余油变化规律

边部区：在油藏底部快速形成次生底水，井排左侧有较多剩余油富集。

中部区：受边部井见水的影响，两组井排见水的时间间隔明显大于边部井见水的时间，两组井排之间的剩余油呈现厚块状。

内部区：见水时间更晚，与中部井之间的剩余油以块状分布在高部位，是后期挖潜的主力剩余油富集区（图3.62）。

3.3.4 正韵律开发后期注水开发实验

3.3.4.1 实验设备及材料

（1）实验目的。

模拟边底水油藏开发后期，中部区生产井转注后，剩余油演化规律。

（2）实验参数。

① 模型尺度参数：长 100cm，宽 5cm，高 20cm。

② 生产井长度：水平井 3cm，定向井 4cm。

③ 渗透率顶底级差对比参数：正韵律 3 倍。

（3）实验材料。

细铁丝网、改型丙烯酸酯 AB 胶、直径 0.3mm 细空心钢管、机油、煤油、苏丹Ⅲ染色剂、墨水、石英砂、若干空心塑料管、流通阀、中间容器、泵、气瓶、透明钢化玻璃、铸铁等。

3.3.4.2 井间剩余油变化规律

转注前：边水沿油藏底部高渗层到达各区井排底部后，再沿井筒方向驱替，各线井排间的剩余油残留较多，有利于后期对其进行挖潜（图 3.63）。

转注后：中部区沿侧向驱替的趋势较明显，井见剩余油的厚度减小，说明措施有效（图 3.64）。

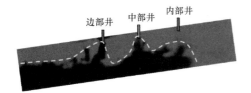

图 3.63 转注前含油饱和度分布

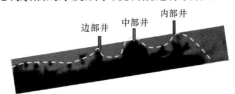

图 3.64 转注后含油饱和度分布

3.4 气顶边水油藏流体界面运动规律物理模拟技术

3.4.1 实验方案

3.4.1.1 实验目的

（1）研究不同类型边界条件下气顶区油气边界的移动与变化规律。

（2）研究不同类型边界条件下气顶体积、当前气顶指数随时间的变化规律。

（3）研究驱替过程中气顶区剩余油的分布规律。

3.4.1.2 实验原理及相似准则

（1）基本假设。

在建立气顶油藏开采过程的数学模型时，做如下基本假设：

① 油藏等厚；

② 油藏中的流体流动过程按油、气两相处理;

③ 整个开采过程为等温开采;

④ 不考虑油的压缩性,但考虑气体的压缩性;

⑤ 流体黏度保持不变;

⑥ 渗流介质假设为多孔介质且各向同性;

⑦ 流体在油藏中的流动满足达西流动。

(2)数学模型。

① 连续性方程。

油相:

$$\text{div}(\rho_o v_o) + \frac{\partial}{\partial t}(\rho_o S_o \phi) = 0 \tag{3.31}$$

水相:

$$\text{div}(\rho_w v_w) + \frac{\partial}{\partial t}(\rho_w S_w \phi) = 0 \tag{3.32}$$

气相:

$$\text{div}(\rho_g v_g) + \frac{\partial}{\partial t}(\rho_g S_g \phi) = 0 \tag{3.33}$$

② 达西定律。

$$v_o = -\frac{KK_{ro}}{\mu_o}(\nabla p_o - \rho_o g \nabla Z) \tag{3.34}$$

$$v_g = -\frac{KK_{rg}}{\mu_g}(\nabla p_g - \rho_g g \nabla Z) \tag{3.35}$$

约束方程:

$$S_o + S_g = 1 \tag{3.36}$$

$$p_g - p_o = p_{cgo} \tag{3.37}$$

③ 边界条件及初始条件。

内边界条件:

$$q_o = \pi D \int_0^{H_w} \frac{KK_{ro}}{\mu_o}(\nabla p_o - \rho_o g \nabla Z) \, \text{d}h \tag{3.38}$$

$$q_g = \pi D \int_0^{H_w} \frac{KK_{rg}}{B_g \mu_g}(\nabla p_g - \rho_g g \nabla Z) \, \text{d}h \tag{3.39}$$

式中 H_w——射孔长度。

下边界封闭:

$$-\frac{KK_{ro}}{\mu_o}(\nabla_n p_o - \rho_o g \nabla_n Z) = 0 \tag{3.40}$$

油气边界：

$$p\,|\,h_{\mathrm{g}} = p_{\mathrm{e}} \tag{3.41}$$

质量守恒方程：

$$N_{\mathrm{op}} + N_{\mathrm{gp}}B_{\mathrm{g}} = Nm\left(\frac{B_{\mathrm{g}}}{B_{\mathrm{gi}}} - 1\right) + (W_{\mathrm{i}} - W_{\mathrm{p}}) \tag{3.42}$$

式中　N_{op}——地面产油量，$10^4\mathrm{t}$；

　　　N_{gp}——地面产气量，$10^4\mathrm{m}^3$；

　　　B_{g}——气体体积系数。

初始条件：

$$S_{\mathrm{o}}(x,y,z)\,|\,t = t_0 = S_{\mathrm{oi}} \tag{3.43}$$

$$P(x,y,z)\,|\,t = t_0 = P_{\mathrm{i}} \tag{3.44}$$

（3）相似准则推导。

对饱和度归一化处理：

$$\overline{S}_{\mathrm{o}} = \frac{S_{\mathrm{o}} - S_{\mathrm{or}}}{S_{\mathrm{oR}}};\ \overline{S}_{\mathrm{w}} = \frac{S_{\mathrm{w}} - S_{\mathrm{wc}}}{S_{\mathrm{wR}}};\ \overline{S}_{\mathrm{g}} = \frac{S_{\mathrm{g}}}{S_{\mathrm{gR}}} \tag{3.45}$$

$$\overline{K}_{\mathrm{ro}} = \frac{K_{\mathrm{ro}}}{K_{\mathrm{rocw}}};\ \overline{K}_{\mathrm{rw}} = \frac{K_{\mathrm{rw}}}{K_{\mathrm{rwro}}};\ \overline{K}_{\mathrm{rg}} = \frac{K_{\mathrm{rg}}}{K_{\mathrm{rgR}}} \tag{3.46}$$

首先将渗流数学模型中的所有物理量写成无量纲形式，如对于变量 M，表示为 M 与 MR 的值的比，MR 为恒定的特征参量。各物理量变换后有如下形式：

$$
\begin{aligned}
&X_D = \frac{X}{L_1} \quad Y_D = \frac{Y}{L_2} \quad Z_D = \frac{Z}{H} \quad t_D = \frac{t}{t_R} \quad g_D = \frac{g}{g_R} \quad \phi_D = \frac{\phi}{\phi_R}\\[6pt]
&\rho_{oD} = \frac{\rho_{\mathrm{o}}}{\rho_R} \quad \rho_{wD} = \frac{\rho_{\mathrm{w}}}{\rho_{wR}} \quad \rho_{gD} = \frac{\rho_{\mathrm{g}}}{\rho_{gR}} \quad \mu_{oD} = \frac{\mu_{\mathrm{o}}}{\mu_{oR}} \quad \mu_{wD} = \frac{\mu_{\mathrm{w}}}{\mu_{wR}} \quad \mu_{gD} = \frac{\mu_{\mathrm{g}}}{\mu_{gR}}\\[6pt]
&p_{cD} = \frac{p_{\mathrm{c}}}{p_{cE}} \quad p_{iD} = \frac{p_{\mathrm{i}}}{p_{iR}} \quad K_D = \frac{K}{K_R} \quad q_{oD} = \frac{q_{\mathrm{o}}}{q_{oR}} \quad q_{wD} = \frac{q_{\mathrm{w}}}{q_{wR}} \quad q'_{wD} = \frac{q'_{\mathrm{w}}}{q'_{wR}}\\[6pt]
&q_{gD} = \frac{q_{\mathrm{g}}}{q_{gR}} \quad q'_{gD} = \frac{q_{\mathrm{g}}}{q_{gR}} \quad D_D = \frac{D}{D_R} \quad S_{orD} = \frac{S_{\mathrm{or}}}{S_{orR}} \quad S_{wcD} = \frac{S_{\mathrm{wc}}}{S_{wcR}}
\end{aligned} \tag{3.47}
$$

将式（3.47）带入渗流模型中，得到：

① 油相方程。

$$\left[\frac{\rho_{oR}K_R K_{\mathrm{rocw}}\Delta p}{H^2\mu_{oR}}\right]\frac{\partial}{\partial Z_D}\left(\rho_{oD}\frac{K_D K_{\mathrm{rocw}}}{\mu_{oD}}\frac{\partial p_{oD}}{\partial Z_D}\right) - \left[\rho_{oR}^2\frac{g_R K_R K_{\mathrm{rocw}}\cos\theta}{\mu_{oR}H}\right]\frac{\partial}{\partial Z_D}\left(\rho_{oD}^2\frac{K_D\overline{K}_{\mathrm{ro}}}{\mu_{oD}}g_D\right) =$$

$$\left[\frac{\rho_{oR}\Delta S\phi_R}{t_R}\right]\frac{\partial}{\partial t_D}(\rho_{oD}\overline{S}_{\mathrm{o}}\phi_D) + \left[\frac{\rho_{oR}S_{\mathrm{or}}\phi_R}{t_R}\right]\frac{\partial}{\partial t_D}(\rho_{oD}\phi_D) \tag{3.48}$$

② 气相方程。

$$\left[\frac{\rho_{gR}K_RK_{rgR}\Delta p}{L_1^2\mu_{gR}}\right]\frac{\partial}{\partial X_D}\left(\rho_{gD}\,\frac{K_D\overline{K}_{rg}}{\mu_{gD}}\,\frac{\partial p_{oD}}{\partial X_D}\right)-\left[\rho_{gR}\,\frac{K_RK_{rgR}p_{cgoR}}{L_1^2\mu_{gR}}\right]\frac{\partial}{\partial X_D}\left(\rho_{gD}\,\frac{K_D\overline{K}_{rg}}{\mu_{gD}}\,\frac{\partial p_{cgoD}}{\partial X_D}\right)+$$

$$\left[\frac{\rho_{gR}K_RK_{rgR}\Delta p}{L_2^2\mu_{gR}}\right]\frac{\partial}{\partial Y_D}\left(\rho_{gD}\,\frac{K_D\overline{K}_{rg}}{\mu_{gD}}\,\frac{\partial p_{oD}}{\partial Y_D}\right)-\left[\frac{\rho_{gR}K_RK_{rgR}p_{cgoR}}{L_2^2\mu_{gR}}\right]\frac{\partial}{\partial Y_D}\left(\rho_{gD}\,\frac{K_D\overline{K}_{rg}}{\mu_{gD}}\,\frac{\partial p_{cgoD}}{\partial Y_D}\right)+$$

$$\left[\frac{\rho_{gR}K_RK_{rgR}\Delta p}{H^2\mu_{gR}}\right]\frac{\partial}{\partial Z_D}\left(\rho_{gD}\,\frac{K_D\overline{K}_{rg}}{\mu_{gD}}\,\frac{\partial p_{oD}}{\partial Z_D}\right)-\left[\frac{\rho_{gR}K_RK_{rgR}P_{cgoR}}{H^2\mu_{gR}}\right]\frac{\partial}{\partial Z_D}\left(\rho_{gR}\,\frac{K_D\overline{K}_{rg}}{\mu_{gD}}\,\frac{\partial p_{cgoD}}{\partial Y_D}\right)-$$

$$\left[\frac{\rho_{gR}^2K_RK_{rgR}g_R}{\mu_{gR}H}\right]\frac{\partial}{\partial Z_D}\left(\rho_{gD}^2\,\frac{K_D\overline{K}_{rg}}{\mu_{gD}}g_D\right)+\left[q_{gR}B_{gR}\right]q_{gD}B_{gD}-\left[q'_{gR}B_{gR}\right]q'_{gD}B_{gD}=$$

$$\left[\frac{\rho_{gR}\Delta S\phi_R}{t_R}\right]\frac{\partial}{\partial t_D}\left(\rho_{gD}\overline{S}_g\phi_D\right) \tag{3.49}$$

③ 质量守恒方程。

$$\left[q_{oR}\right]q_{oD}+\left[q_{gR}B_{gR}\right]=\left[mN_R\,\frac{B_{gR}}{B_{giR}}\right]N_D\,\frac{B_{gD}}{B_{giD}}$$
$$-\left[mN_R\right]N_D+\left[q'_{wR}\right]q'_{wD}-\left[q_{wR}\right]q_{wD} \tag{3.50}$$

④ 内边界方程。

产油量:

$$q_{oR}q_{oD}=\left[\frac{D_RK_RK_{rocw}\Delta pH_{wR}}{\mu_{oR}L_1}\right]\pi D_DH_{wD}\,\frac{K_D\overline{K}_{ro}}{\mu_{oD}}\,\frac{\partial p_{oD}}{\partial X_D}+\left[\frac{D_RK_RK_{rocw}\Delta pH_{wR}}{\mu_{oR}L_2}\right]\pi D_DH_{wD}\,\frac{K_D\overline{K}_{ro}}{\mu_{oD}}\,\frac{\partial p_{oD}}{\partial Y_D}$$

$$+\left[\frac{D_RK_RK_{rocw}\Delta pH_{wR}\cos\theta}{\mu_{oR}H}\right]\pi D_DH_{wD}\,\frac{K_D\overline{K}_{ro}}{\mu_{oD}}\,\frac{\partial p_{oD}}{\partial Z_D}-\left[\frac{D_RK_RK_{rocw}\rho_{oR}g_RH_{wR}}{\mu_{oR}}\right]D_D\,\frac{K_D\overline{K}_{ro}\rho_{oD}g_DH_{wD}}{\mu_{oD}} \tag{3.51}$$

产气量:

$$\left[q_{gR}\right]q_{\gamma D}=\left[\frac{D_RK_RK_{rgR}\Delta pH_{wR}}{\mu_{gR}L_1}\right]\pi D_D\,\frac{K_D\overline{K}_{rg}H_{wD}}{\mu_{gD}}\,\frac{\partial p_{oD}}{\partial X_D}-\left[D_R\,\frac{K_RK_{rgR}p_{cgoR}H_{wR}}{\mu_{gR}L_1}\right]\pi D_D\,\frac{K_D\overline{K}_{rg}H_{wD}}{\mu_{gD}}\,\frac{\partial p_{cgoD}}{\partial X_D}$$

$$+\left[\frac{D_RK_RK_{rgR}\Delta pH_{wR}}{\mu_{gR}L_2}\right]\pi D_D\,\frac{K_D\overline{K}_{rg}H_{wD}}{\mu_{gD}}\,\frac{\partial p_{oD}}{\partial Y_D}-\left[D_R\,\frac{K_RK_{rgR}p_{cgoR}H_{wR}}{\mu_{wR}L_2}\right]\pi D_D\,\frac{K_D\overline{K}_{rg}H_{wD}}{\mu_{gD}}\,\frac{\partial p_{cgoD}}{\partial Y_D}$$

$$+\left[\frac{D_RK_RK_{rgR}\Delta pH_{wR}\cos\theta}{\mu_{gR}H}\right]\pi D_D\,\frac{K_D\overline{K}_{rg}H_{wD}}{\mu_{gD}}\,\frac{\partial p_{oD}}{\partial Z_D}-\left[D_R\,\frac{K_RK_{rgR}p_{cgoR}H_{wR}}{\mu_{gR}H}\right]\pi D_D\,\frac{K_D\overline{K}_{rg}H_{wD}}{\mu_{gD}}\,\frac{\partial p_{cgoD}}{\partial Z_D}$$

$$-\left[D_R\,\frac{K_RK_{rgR}\rho_{gR}g_RH_{wR}}{\mu_{wR}}\right]\pi D_D\,\frac{K_D\overline{K}_{rg}H_{wD}}{\mu_{gD}}\rho_{gD}g_DH_{wD} \tag{3.52}$$

94

⑤ 饱和度约束方程。

$$[\Delta S]\overline{S}_o + [S_{or}] + [\Delta S]\overline{S}_w + [S_{wc}] - [\Delta S]\overline{S}_g = 1 \tag{3.53}$$

对上式中每个中括号里面的式子提出来,如油相方程:

$$\left[\frac{\rho_{oR}K_R K_{rocw}\Delta p}{L_1^2\mu_{oR}}\right]\quad \left[\rho_{oR}\frac{K_R K_{rocw}\Delta p}{L_2^2\mu_{oR}}\right]\quad \left[\frac{\rho_{oR}K_R K_{rocw}\Delta p}{H^2\mu_{oR}}\right]$$

$$\left[\rho_R^2\frac{g_R K_R K_{rocw}}{\mu_{oR}H}\right]\quad \left[\frac{\rho_{oR}S_{or}\phi_R}{t_R}\right]\quad \left[\frac{\rho_{oR}\Delta S\phi_R}{t_R}\right]\,[q_{oR}]\,[q'_{oR}] \tag{3.54}$$

对以上八个式子同时除以 $\left[\dfrac{\rho_{oR}K_R K_{rocw}\Delta p}{L_1^2\mu_{oR}}\right]$,得到:

$$\frac{L_1^2}{L_2^2},\frac{L_1^2}{H^2},\frac{\Delta p}{\rho_o g H},\frac{KK_{rocw}\Delta p t}{L_1^2\mu_o S_{or}\phi},\frac{KK_{rocw}\Delta p t}{L_1^2\mu_o \Delta S\phi} \tag{3.55}$$

同时除以 $\left[\dfrac{\rho_{oR}\Delta S\phi_R}{t_R}\right]$,得到:

$$\frac{S_{or}}{\Delta S} \tag{3.56}$$

同时除以 $[q_{oR}]$,得到:

$$\frac{q_o}{q'_o} \tag{3.57}$$

同理,通过对气相连续性方程进行处理,可得到如下相似准则数:

$$\frac{\Delta p}{p_{cgo}},\frac{q_g}{q'_g},\frac{\rho_o S_{or}}{\rho_g S_g},\frac{\rho_o K_{rocw}\mu_w}{\rho_g K_{rg}\mu_g} \tag{3.58}$$

对于质量守恒方程有:

$$[q_{oR}]\quad [q_{gR}B_{gR}]\quad \left[mN_R\frac{B_{gR}}{B_{giR}}\right]\quad [mN_R]\quad [q'_{wR}]\quad [q_{wR}] \tag{3.59}$$

同时除以 $[mN_R]$,可得:

$$\frac{q_o}{mN},\frac{B_g}{B_{gi}},\frac{q_w}{mN} \tag{3.60}$$

气体的状态方程为:

$$pV = nZRT \tag{3.61}$$

得到某一压力下的体积系数为:

$$B = \frac{Z_r T_r p}{ZTP_r} \tag{3.62}$$

对于产油方程:

$$[q_{oR}]\left[\frac{D_R K_R K_{rocw}\Delta p H_{wR}}{\mu_{oR}L_1}\right]\left[\frac{D_R K_R K_{rocw}\Delta p H_{wR}}{\mu_{oR}L_2}\right]$$

$$\left[\frac{D_R K_R K_{\text{rocw}} \Delta p H_{\text{wR}}}{\mu_{\text{oR}} H}\right]\left[\frac{D_R K_R K_{\text{rocw}} \rho_{\text{oR}} g_R H_{\text{wR}}}{\mu_{\text{oR}}}\right] \quad (3.63)$$

则可以得到相似准则数为：

$$\frac{DKK_{\text{owc}} \Delta p H_w}{\mu_o L_1 q_o} \quad (3.64)$$

由饱和度约束方程有：

$$\left[\Delta S\right] \quad \left[S_{\text{wc}}\right] \quad \left[S_{\text{or}}\right] \quad \left[1\right] \quad (3.65)$$

可以得到相似准则数为：

$$\frac{S_{\text{wc}}}{S_{\text{or}}} \quad \frac{1}{S_{\text{or}}} \quad \frac{S_{\text{wc}}}{\Delta S} \quad (3.66)$$

根据以上推导,可得实验参数相似准则(表3.16)。

表 3.16　相似准则说明表

相似原则	参数比值	说明
压力相似	$\dfrac{\Delta p}{\rho_o g H}$	生产压差与重力之比
	$\dfrac{\Delta p}{p_c}$	生产压差与毛管力之比
几何相似	$\dfrac{LH}{R^2}$	油藏尺寸相似
	m	气顶指数相似
	θ	油藏倾角相似
生产动态相似	$\dfrac{KK_{\text{rw}} \Delta pt}{\mu_w L_1^2 \phi S_{\text{wc}}}$	用 $\phi \Delta S$ 加以修正的达西公式
	$\dfrac{DKK_{\text{ro}} \Delta p H_w}{\mu_o L_1 q_o}$	油井注采量相似
	$\dfrac{DKK_{\text{rg}} \Delta p H_w}{\mu_g L_1 q_g}$	气井注采量相似
	$\dfrac{q_o}{q_g B_g}$	油气产量之比
	$\dfrac{q_o}{mN}$	产油量与地质储量之比
流体物性相似	$\dfrac{S_{\text{or}}}{\Delta S}$	残余油饱和度与可动流体饱和度之比
	$\dfrac{\rho_o}{\rho_g}$	油气密度之比
	$\dfrac{S_{\text{oi}}}{\Delta S}, S_{\text{oi}}$	初始饱和度场相似
	$\dfrac{B_g}{B_{\text{gi}}}$	气体压缩系数相似
	$\dfrac{Z_1 p_2}{Z_2 p_1}$	气相膨胀量相似

基于以上相似准则推导,设计填砂管实验的多孔介质参数、流体物性参数及生产参数(表3.17)。

表 3.17　模型值与油藏原始值的对比

参数名称	实际油藏	实验参数
油藏长度	1500m	35cm
油藏截面尺寸	宽500m/高20m	直径20mm
孔隙度/%	28.4	28
渗透率/$10^{-3}\mu m^2$	1670	1600(120目玻璃珠)
井径	0.138m	0.17mm
气顶指数	0.1	0.1
油柱高度	120m	20cm
油藏倾角/(°)	15	15
采油速度/%	3	3
油气密度比	1.44	1.44
原油黏度/(mPa·s)	57	57
原油密度/(kg/m³)	0.833	0.833
驱替倍数	2000	100
地层初始压力	16.6MPa	10kPa

3.4.1.3　实验设备

适量煤油配比后的机油(煤油∶机油＝1∶5)、苏丹Ⅲ染色剂、有机玻璃填砂管、玻璃珠(120目)、平流泵、中间容器(上油下水)、流量计、压力表、节流阀、摄像设备、流变仪、油气两相分离计量装置、氮气瓶、塑料液体管线(直径3mm)、钢制气体管线(直径3mm),实验设备如图3.65至图3.67所示。

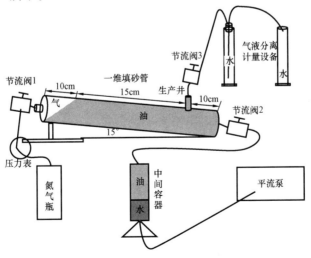

图 3.65　一维填砂管驱替实验平台示意图

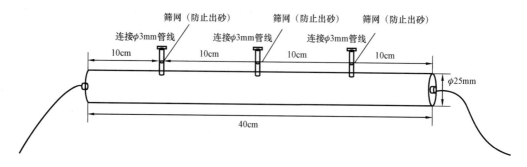

图 3.66 填砂管示意图

图 3.67 实验平台实物图

3.4.2 封闭边界气侵过程

根据实际油藏模型抽提出实验参数,搭建了室内一维填砂管油气两相驱替模型(图 3.68)。模型采用预先饱和油、气两相流体的方法创建了基于相似准则压力下的油气两相区。模型两端均采用封闭边界,无外来能量供给,观察不同时刻的油气界面位置及形态,最终得到不同时刻所对应的剩余油分布、产油、产气量、采出程度及气侵程度。

从实验结果可以分析得出,在气顶区远离边水供给边界以至于供给压力可以忽略不计的情况下,气顶区的自由气以及由于压降分离出的溶解气在生产井井底生产压差的作用下推动油气界面整体向井筒方向移动。整个界面移动规律以及不同阶段气顶区剩余油富集规律如下:

(1)从界面移动速度以及界面形状演变规律来看,受油气密度及黏度差异的影响,气顶气会率先由填砂管顶部发生气窜接近生产井井底,油气界面逐渐变为楔状,在井底发生气窜之前,生产井的生产气油比很低,接近0,生产井为纯油流动,气顶弹性能量主要用于将高部位原油驱向井筒,累计产油量快速增加(图 3.69 至图 3.73)。

(2)生产井见气后,累产气以及生产气油比快速升高,高部位原油失去了气顶气的弹性驱替能量,油气界面趋于稳定,高部位剩余油被气顶压在油藏底部,此时高部位原油需人工补充能量才能继续移动。

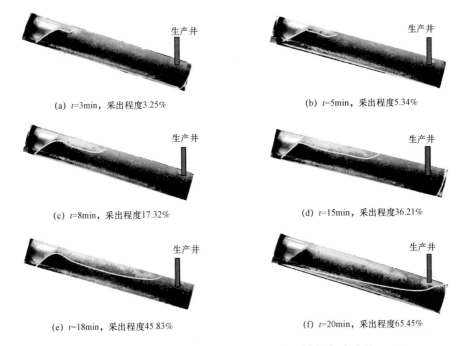

(a) t=3min,采出程度3.25%   (b) t=5min,采出程度5.34%

(c) t=8min,采出程度17.32%   (d) t=15min,采出程度36.21%

(e) t=18min,采出程度45.83%   (f) t=20min,采出程度65.45%

图 3.68　一维填砂管气顶膨胀驱油物理模拟实验过程

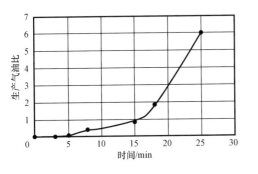

图 3.69　生产气油比随时间变化曲线

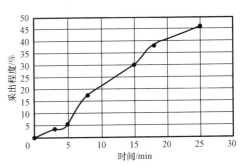

图 3.70　采出程度随时间变化曲线

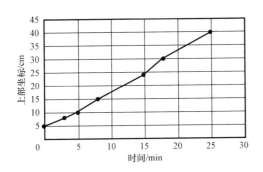

图 3.71　油气前缘上部位置坐标变化曲线

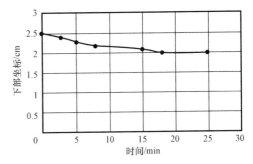

图 3.72　油气前缘下部位置坐标变化曲线

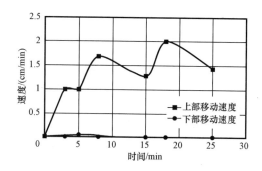

图 3.73　油气前缘移动速度变化曲线

3.4.3　供给边界油侵过程

通过外接平流泵的方式向一维填砂管供给驱替能量,根据相似准则,将平流泵流量设为 1.5mL/min。根据实验过程动态以及实验结果数据,不难看出在外接平流泵作为驱替能量的情况下,气顶明显受到了压缩作用,说明 CB 油田弱气顶的弹性膨胀能远远小于近边底水的驱替能量。同时,在高部位生产井生产过程中,气顶的自由气以离散小气泡的形式随着原油流向井底,使得气顶进一步受到了压缩(图 3.74)。

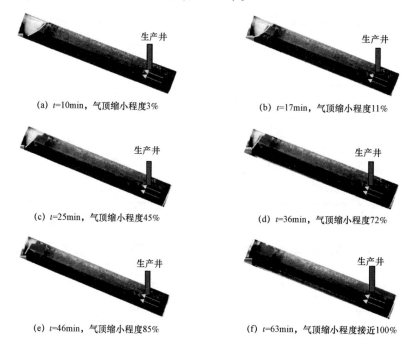

(a) t=10min,气顶缩小程度3%　　　　　(b) t=17min,气顶缩小程度11%

(c) t=25min,气顶缩小程度45%　　　　　(d) t=36min,气顶缩小程度72%

(e) t=46min,气顶缩小程度85%　　　　　(f) t=63min,气顶缩小程度接近100%

图 3.74　一维填砂管边水供给状态下油气边界运移物理模拟实验

在实验过程中,边水能量对高部位有效区的作用规律及剩余油的富集规律如下:

(1)生产井开井生产后,在生产压差作用下,气顶开始经历了一定的膨胀过程,气顶指数有一定的增大趋势,随着生产井见气以及底部能量传递到构造高部位,气顶开始迅速收缩,气顶指数快速下降(图 3.75)。

(2)由于底部驱替能量的加入,气顶的气窜相比封闭边界的情形有一定的抑制,因此,该情况下采出程度一直维持在较高水平,最终的采出程度也高于无边水能量的情形(图 3.76)。

(3)通过生产气油比可以看出,在边水能量供给过程中,随着气顶的收缩,油井的生产气油比经历了先上升后减缓最后下降的过程(图 3.77)。

(4)与无边水能量的情形相反,随着气顶的收缩,油气边界逐渐向构造高部位移动,在这个过程中,油气界面与填砂管壁面的接触角逐渐增大,最后近似于垂直(图 3.78 至图 3.80)。

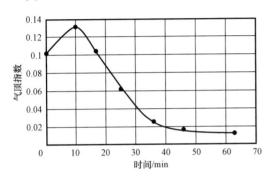

图 3.75　气顶指数随时间变化曲线

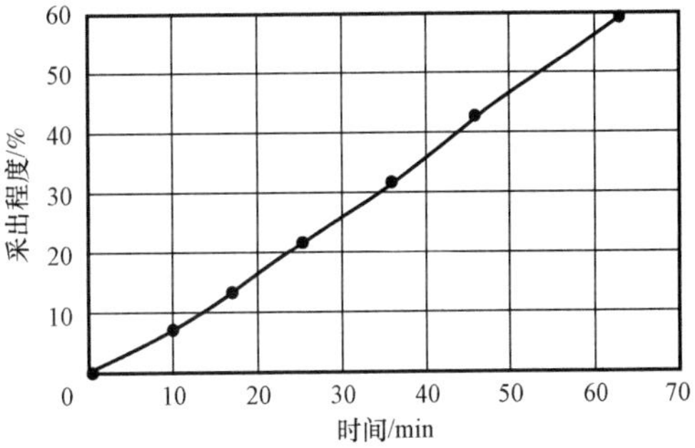

图 3.76　采出程度随时间变化曲线

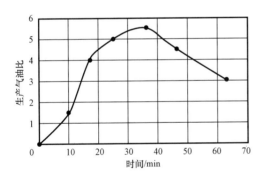

图 3.77　生产气油比随时间变化曲线

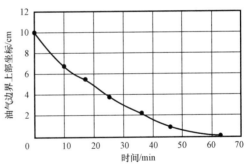

图 3.78　油气界面上边界坐标随时间变化曲线

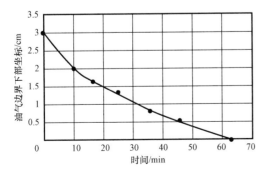

图 3.79　油气界面下边界坐标随时间变化曲线

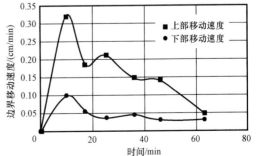

图 3.80　油气界面上下边界移动速度变化曲线

3.4.4 小结

（1）对于小气顶、强边水油藏：开发过程中伴随气窜发生，但由于压力下降有限，气顶膨胀有限，随气顶气采出，气顶发生萎缩。

（2）油藏工程和数值模拟方法初步估算，CB 油田目前气顶指数为 0.07 左右（初始气顶指数 0.1）。

（3）部分小气顶、强边水（注水开发）油田实例表明，高含水后期在油气过渡带布井，油井有较高产量（气油比也比较大）。

第4章 底水油藏立体水驱波及表征方法

本章首先建立了底水油藏水脊体积理论,形成了底水油藏水脊表征方法。其次建立了考虑夹层分布和水平井沿程压降的底水油藏产液剖面评价模型,形成了底水油藏产液剖面预测方法。最后,针对弱底水油藏,建立了底水油藏注水侧向驱替能力评价方法,刻画了水线推进速度变化规律,表征了注水侧向驱替波及形态。

4.1 底水油藏水驱波及表征

4.1.1 水脊体积理论研究

利用水平井开发底水油藏时,随着生产时间推移,油藏底水不断抬升,水脊区域即为底水驱油区域。因此,可依据水脊体积大小判断底水驱油特征。根据水脊形态特征可以将水脊体积用圆锥模划分为水平井跟端与趾端的半锥体、中间脊体的体积及水脊抬升体积三个部分(图4.1)。

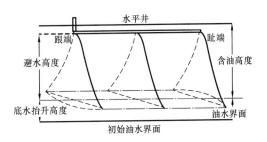

图4.1 底水油藏水脊体积示意图

假设:(1)地层为均质且各向同性;(2)底水能量充足,油层底部原始油水界面为恒压边界;(3)忽略毛管压力和表皮效应的影响;(4)稳定渗流。

水平井跟端与趾端的半锥体体积利用式(4.1)计算。

$$V_v = \frac{\pi}{3}R^2H \tag{4.1}$$

中间脊体体积利用式(4.2)计算。

$$V_h = \frac{2}{3}RHL \tag{4.2}$$

底水抬升体积利用式(4.3)计算。

$$V_b = Sh = xyh \tag{4.3}$$

式中 V_v——半锥体体积,m^3;

R——水平井波及半径,m;

H——水平井避水高度，m；

V_h——中间脊体体积，m^3；

L——水平段长度，m；

V_b——底水抬升体积，m^3；

S——模型底部面积，m^2；

x——模型的长度，m；

y——模型的宽度，m；

h——底水抬升高度，m。

综合上述公式，可得水脊体积计算公式：

$$V = V_v + V_h + V_b = \frac{\pi}{3}R^2H + \frac{2}{3}RHL + xyh \tag{4.4}$$

4.1.2 水脊形态刻画与表征

截取垂直水平井筒方向、水平井中部所在平面作为垂直井筒方向波及表征的基准面（图4.2）。研究不同时刻垂直井筒方向，不同原油黏度（50mPa·s、100mPa·s、350mPa·s）对底水波及规律的影响。

图4.3、图4.4、图4.5分别表征了50mPa·s原油开发2年、5年、10年的内半径与外半径。基于内外波及半径理论，开展内波及与外波及水脊形态拟合（图4.6和图4.7）。由图4.6(d)可知生产10年内波及半径扩展150m，由图4.7(d)可知生产10年外波及半径扩展170m，二者差值20m即为油水过渡带区域。

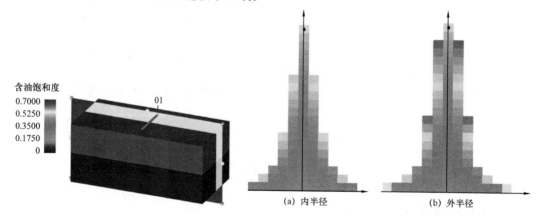

图4.2 沿井筒方向截面示意图   图4.3 50mPa·s开发2年内外波及半径表征示意图

同理，可以得到100mPa·s和350mPa·s原油开发内波及扩展半径与外波及扩展半径计算方法（图4.8和图4.9）。由图4.8可知，100mPa·s原油开发10年内波及半径扩展130m，外波及半径扩展150m，二者差值20m即为油水过渡带区域。由图4.9可知，350mPa·s原油开发10年内波及半径扩展90m，外波及半径扩展110m，二者差值20m即为油水过渡带区域。

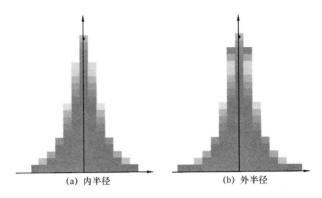

图 4.4　50mPa·s 开发 5 年内外波及半径表征示意图

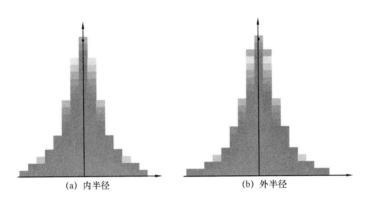

图 4.5　50mPa·s 开发 10 年内外波及半径表征示意图

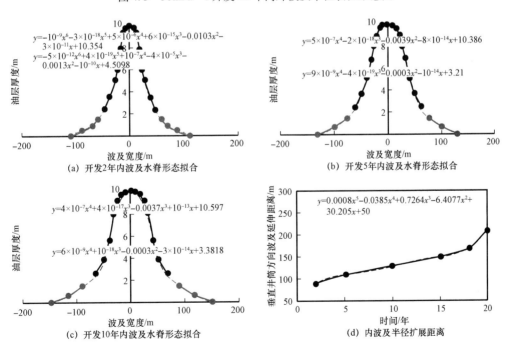

图 4.6　内波及水脊形态拟合及扩展距离

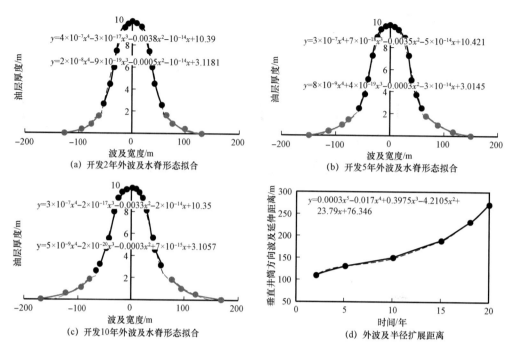

(a) 开发2年外波及水脊形态拟合

(b) 开发5年外波及水脊形态拟合

(c) 开发10年外波及水脊形态拟合

(d) 外波及半径扩展距离

图4.7　外波及水脊形态拟合及扩展距离

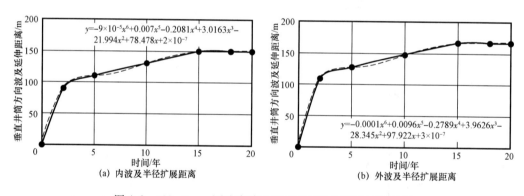

(a) 内波及半径扩展距离

(b) 外波及半径扩展距离

图4.8　100mPa·s原油内波及扩展距离及外波及扩展距离

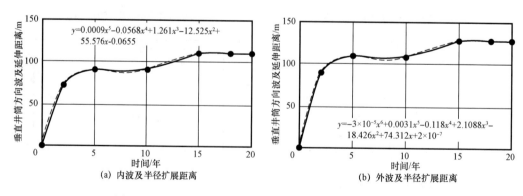

(a) 内波及半径扩展距离

(b) 外波及半径扩展距离

图4.9　350mPa·s原油内波及扩展距离及外波及扩展距离

稠油驱替范围内存在大面积油水过渡带,即内、外波及间的区域面积较大。前期内外波及距离差距较大,后期内外波及距离的差距可以小幅度减小。并且随着原油黏度的增加,内外波及半径及距离都会减小。综合分析可知,内、外半径形成是由于稠油非活塞驱替较强,存在较大范围的油水过渡带,水线波及前沿可认为是外波及范围,但完全驱替区域为内波及半径范围内,二者间区域可认定为不完全动用区域,这需要靠大排量提液冲刷才能提高驱油效率。

4.2　发育夹层的底水油藏水平井产液剖面评价方法

明确水平井产液剖面,有利于找准水平井出水点,从而实施有效的治理措施。通过建立数学模型,得到含有夹层的水平井产能解析解。将建立的底水油藏流动模型与井筒压降模型耦合,从而得到水平井产液剖面评价方法。

4.2.1　水平井油藏流动模型

(1)假设条件。

① 无限大等厚底水油藏;

② 油水界面在开采过程中不发生变化;

③ 地层中为单相不可压缩流体的稳定渗流;

④ 油层顶部视为封闭边界,油水界面视为恒压边界;

⑤ 水平井处理为点汇。

(2)底水油藏水平井平面流动复势场。

设 W_1 平面内油层厚度为 h,在距油水界面 z_w 的位置有一口水平井生产,以恒压边界为 x 轴,过水平井垂直于恒压边界轴线为 z 轴(图 4.10)。

利用保角变换得存在 W_5 平面(图 4.11),使得 W_1 平面内的渗流场变换为如图所示的 2 口注水井和 2 口生产井同时生产渗流场,其中 2 口生产井的坐标分别为 $\left\{\cos\left[\dfrac{\pi(h-z_w)}{2h}\right],\sin\left[\dfrac{\pi(h-z_w)}{2h}\right]\right\}$ 和 $\left\{\cos\left[\dfrac{\pi(h-z_w)}{2h}\right],-\sin\left[\dfrac{\pi(h-z_w)}{2h}\right]\right\}$,2 口注水井的坐标分别为 $\left\{\cos\left[\dfrac{\pi(h+z_w)}{2h}\right],\sin\left[\dfrac{\pi(h+z_w)}{2h}\right]\right\}$ 和 $\left\{\cos\left[\dfrac{\pi(h+z_w)}{2h}\right],-\sin\left[\dfrac{\pi(h+z_w)}{2h}\right]\right\}$。$W_5$ 与 W_1 变换关系如下。

$$W_5 = \mathrm{e}^{\frac{-\pi(W_1 - hi)}{2h}} \tag{4.5}$$

其中,W_1 和 W_5 均为复数,$W_1 = x + yi$,$W_5 = u_5 + v_5 i$。

在 W_5 平面中平面渗流复势表达式。

$$F_1(W_5) = \frac{q}{2\pi}\ln\frac{(W_5 - a)(W_5 - \bar{a})}{(W_5 - b)(W_5 - \bar{b})} + C \tag{4.6}$$

式中　q——单位长度水平井产量,$\mathrm{m^3/d}$。

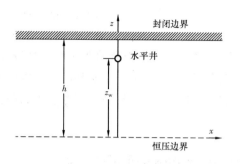
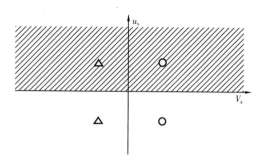

图 4.10 W_1 平面内底水油藏一口水平井生产示意图　　图 4.11 W_5 平面内 2 口注水井和 2 口生产井示意图

$$a = \cos\left[\frac{\pi(h - z_w)}{2h}\right] + i\sin\left[\frac{\pi(h - z_w)}{2h}\right] \qquad (4.7)$$

$$b = \cos\left[\frac{\pi(h + z_w)}{2h}\right] + i\sin\left[\frac{\pi(h + z_w)}{2h}\right] \qquad (4.8)$$

复数 a, b 及其共轭 $\bar{a}$ 和 $\bar{b}$ 分别对应 W_5 复平面内生产井与注水井的位置。

将式(4.5)代入式(4.6)中则得 W_1 平面中平面渗流复势表达式。

$$F_2(W_1) = \frac{q}{2\pi}\ln\frac{\left[e^{\frac{-\pi(W_1 - hi)}{2h}} - a\right]\left[e^{\frac{-\pi(W_1 - hi)}{2h}} - \bar{a}\right]}{\left[e^{\frac{-\pi(W_1 - hi)}{2h}} - b\right]\left[e^{\frac{-\pi(W_1 - hi)}{2h}} - \bar{b}\right]} + C \qquad (4.9)$$

令 $h = z_w = 20$ ，绘制出式(4.9)表示的内底水油藏一口水平井生产等势线和流线（图 4.12）。

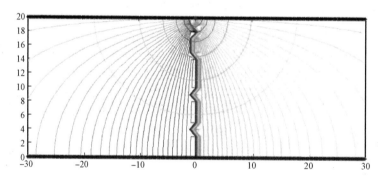

图 4.12 W_1 平面内底水油藏一口水平井生产等势线和流线

(3)底水油藏水平井平板绕流复势场。

在图 4.10 所示的底水油藏水平井渗流场中加入一长为 $2R$ 的平板，平板与油水界面平行，其中心坐标为 $(0, z_b)$ ，水平井坐标为 (x_w, z_w) （图 4.13）。

利用保角变换可将 W_1 平面中的平板转化为圆周，变换公式为式(4.10)，变换后的 W_6 平面内的边界如图 4.14 所示。

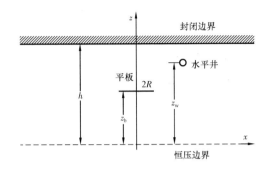

图 4.13 W_1 平面中底水油藏水平井平板绕流示意图

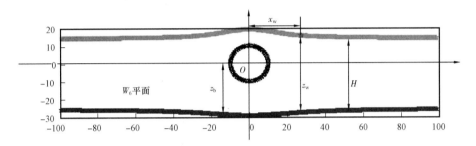

图 4.14 W_6 平面中底水油藏水平井圆周绕流

$$W_1 = \frac{1}{2}\left(W_6 + \frac{R^2}{W_6}\right) + z_b\mathrm{i} \tag{4.10}$$

式(4.10)的反函数为:

$$W_6 = \begin{cases} W_1 - z_b\mathrm{i} + \sqrt{(W_1 - z_b\mathrm{i})^2 - R^2}, & x > 0 \\ W_1 - z_b\mathrm{i} - \sqrt{(W_1 - z_b\mathrm{i})^2 - R^2}, & x < 0 \end{cases} \tag{4.11}$$

由图可知,W_6 平面内无圆周时的渗流复势场近似等于 W_1 平面中无平板时底水油藏水平井平面渗流复势场。其油层厚度为 H、水平井距油水界面距离为 z_w,水平井平板变换得到的圆周中心为 x_w,平板变换得到的圆周中心距油水界面距离为 z_b。根据式(4.11)知(当 $x > 0$ 时):

$$H = \mathrm{Im}\left(h\mathrm{i} + x_w - z_b\mathrm{i} + \sqrt{(h\mathrm{i} + x_w - z_b\mathrm{i})^2 - R^2}\right)$$
$$+ \mathrm{Im}\left(x_w - z_b\mathrm{i} + \sqrt{(x_w - z_b\mathrm{i})^2 - R^2}\right) \tag{4.12}$$

$$x_w = \mathrm{Re}\left(z_w\mathrm{i} + x_w - z_b\mathrm{i} + \sqrt{(z_w\mathrm{i} + x_w - z_b\mathrm{i})^2 - R^2}\right) \tag{4.13}$$

$$z_b = \mathrm{Im}\left(-z_b\mathrm{i} + \sqrt{(-z_b\mathrm{i})^2 - R^2}\right) \tag{4.14}$$

$$z_w = \mathrm{Im}\left(z_w\mathrm{i} + x_w - z_b\mathrm{i} + \sqrt{(z_w\mathrm{i} + x_w - z_b\mathrm{i})^2 - R^2}\right)$$

$$+ \mathrm{Im}\left(x_{\mathrm{w}} - z_{\mathrm{b}}\mathrm{i} + \sqrt{(x_{\mathrm{w}} - z_{\mathrm{b}}\mathrm{i})^2 - R^2} \right) \tag{4.15}$$

W_6 平面内无圆周时的渗流复势函数为：

$$F_3(W_6) = \frac{q}{2\pi}\ln \frac{\left(\mathrm{e}^{\frac{-\pi(W_6 - x_{\mathrm{w}} + z_{\mathrm{b}}\mathrm{i} - H\mathrm{i})}{2H}} - a' \right)\left(\mathrm{e}^{\frac{-\pi(W_6 - x_{\mathrm{w}} + z_{\mathrm{b}}\mathrm{i} - H\mathrm{i})}{2H}} - \overline{a'} \right)}{\left(\mathrm{e}^{\frac{-\pi(W_6 - x_{\mathrm{w}} + z_{\mathrm{b}}\mathrm{i} - H\mathrm{i})}{2H}} - b' \right)\left(\mathrm{e}^{\frac{-\pi(W_6 - x_{\mathrm{w}} + z_{\mathrm{b}}\mathrm{i} - H\mathrm{i})}{2H}} - \overline{b'} \right)} + C' \tag{4.16}$$

其中

$$a' = \cos\left[\frac{\pi(H - z_{\mathrm{w}})}{2H} \right] + \mathrm{i}\sin\left[\frac{\pi(H - z_{\mathrm{w}})}{2H} \right] \tag{4.17}$$

$$b' = \cos\left[\frac{\pi(H + Z_w)}{2H} \right] + \mathrm{i}\sin\left[\frac{\pi(H + z_{\mathrm{w}})}{2H} \right] \tag{4.18}$$

绘制出式(4.16)表示的 W_6 平面内无圆柱时的等势线和流线(图4.15)。

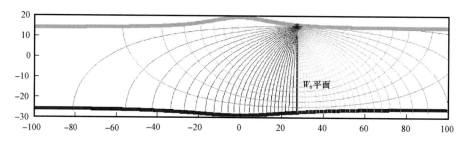

图 4.15　W_6 平面内无圆柱时的等势线和流线

根据流体力学中圆周定理，设流体中无固壁时它的复位势为 $f(W)$，$f(W)$ 的所有奇点都在圆 $|W| = a$ 外。今在流体中放置一半径为 a 的圆周 $|W| = a$，则复位势为：

$$\omega(W) = f(W) + \bar{f}\left(\frac{a^2}{W} \right) \tag{4.19}$$

其中，$\bar{f}$ 是 f 表达式中的系数取共轭后得到的函数。

根据圆周定理，W_6 平面中加一圆周后的渗流复势场为：

$$F_4(W_6) = \frac{q}{2\pi}\ln \frac{\left(\mathrm{e}^{\frac{-\pi(W_6 - x_{\mathrm{w}} + z_{\mathrm{b}}\mathrm{i} - H\mathrm{i})}{2H}} - a' \right)\left(\mathrm{e}^{\frac{-\pi(W_6 - x_{\mathrm{w}} + z_{\mathrm{b}}\mathrm{i} - H\mathrm{i})}{2H}} - \overline{a'} \right)}{\left(\mathrm{e}^{\frac{-\pi(W_6 - x_{\mathrm{w}} + z_{\mathrm{b}}\mathrm{i} - H\mathrm{i})}{2H}} - b' \right)\left(\mathrm{e}^{\frac{-\pi(W_6 - x_{\mathrm{w}} + z_{\mathrm{b}}\mathrm{i} - H\mathrm{i})}{2H}} - \overline{b'} \right)}$$

$$+ \frac{q}{2\pi}\ln \frac{\left(\mathrm{e}^{\frac{-\pi(\frac{R2}{W_6} - x_{\mathrm{w}} - z_{\mathrm{b}}\mathrm{i} + H\mathrm{i})}{2H}} - a' \right)\left(\mathrm{e}^{\frac{-\pi(\frac{R2}{W_6} - x_{\mathrm{w}} - z_{\mathrm{b}}\mathrm{i} + H\mathrm{i})}{2H}} - \overline{a'} \right)}{\left(\mathrm{e}^{\frac{-\pi(\frac{R2}{W_6} - x_{\mathrm{w}} - z_{\mathrm{b}}\mathrm{i} + H\mathrm{i})}{2H}} - b' \right)\left(\mathrm{e}^{\frac{-\pi(\frac{R2}{W_6} - x_{\mathrm{w}} - z_{\mathrm{b}}\mathrm{i} + H\mathrm{i})}{2H}} - \overline{b'} \right)} + C' \tag{4.20}$$

绘制出式(4.20)表示的 W_6 平面内有圆周时的等势线和流线(图4.16)。

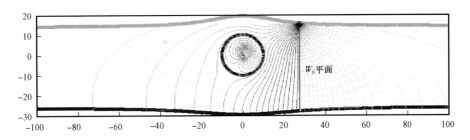

图 4.16 W_6 平面内有圆周时的等势线和流线

将式(4.11)代入式(4.20)中得 W_1 平面内底水油藏水平井平板绕流复势场为:

$$F(W_1) = \frac{q}{2\pi} \ln \frac{\left(\mathrm{e}^{\frac{-\pi\left(W_1 - z_{b}\mathrm{i} + \sqrt{(W_1 - z_{b}\mathrm{i})^2 - R^2} - x_{w} + z_{b}\mathrm{i} - H\mathrm{i}\right)}{2H}} - a'\right)\left(\mathrm{e}^{\frac{-\pi\left(W_1 - z_{b}\mathrm{i} + \sqrt{(W_1 - z_{b}\mathrm{i})^2 - R^2} - x_{w} + z_{b}\mathrm{i} - H\mathrm{i}\right)}{2H}} - \overline{a'}\right)}{\left(\mathrm{e}^{\frac{-\pi\left(W_1 - z_{b}\mathrm{i} + \sqrt{(W_1 - z_{b}\mathrm{i})^2 - R^2} - x_{w} + z_{b}\mathrm{i} - H\mathrm{i}\right)}{2H}} - b'\right)\left(\mathrm{e}^{\frac{-\pi\left(W_1 - z_{b}\mathrm{i} + \sqrt{(W_1 - z_{b}\mathrm{i})^2 - R^2} - x_{w} + z_{b}\mathrm{i} - H\mathrm{i}\right)}{2H}} - \overline{b'}\right)}$$

$$+ \frac{q}{2\pi} \ln \frac{\left(\mathrm{e}^{\frac{-\pi\left(\frac{R^2}{W_1 - z_{b}\mathrm{i} + \sqrt{(W_1 - z_{b}\mathrm{i})^2 - R^2}} - x_{w} - z_{b}\mathrm{i} + H\mathrm{i}\right)}{2H}} - a'\right)\left(\mathrm{e}^{\frac{-\pi\left(\frac{R^2}{W_1 - z_{b}\mathrm{i} + \sqrt{(W_1 - z_{b}\mathrm{i})^2 - R^2}} - x_{w} - z_{b}\mathrm{i} + H\mathrm{i}\right)}{2H}} - \overline{a'}\right)}{\left(\mathrm{e}^{\frac{-\pi\left(\frac{R^2}{W_6} - x_{w} - z_{b}\mathrm{i} + H\mathrm{i}\right)}{2H}} - b'\right)\left(\mathrm{e}^{\frac{-\pi\left(\frac{R^2}{W_6} - x_{w} - z_{b}\mathrm{i} + H\mathrm{i}\right)}{2H}} - \overline{b'}\right)} + C'$$

$$(4.21)$$

令 $R = 10$,绘制出式(4.21)表示的 W_1 平面内底水油藏水平井平板绕流复势场的等势线和流线(图 4.17)。

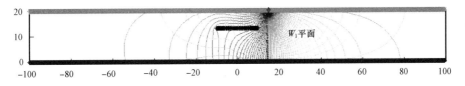

图 4.17 W_1 平面内底水油藏水平井平板绕流复势场的等势线和流线

4.2.2 底水油藏水平井产能解析解

4.2.2.1 产能求解

取 $F(W_1)$ 任一点的实部既为地层中任一点的势。则水平井井底的势为:

$$\phi_{w} = \mathrm{Real}[F(x_{w}, z_{w} - r_{w})] \qquad (4.22)$$

油水界面处的势为:

$$\phi_{e} = \mathrm{Real}[F(x_{w}, 0)] \qquad (4.23)$$

记为

$$\Gamma(W_6) = \ln \frac{\left(e^{\frac{-\pi(W_1-z_b\mathrm{i}+\sqrt{(W_1-z_b\mathrm{i})^2-R^2}-x_w+z_b\mathrm{i}-H\mathrm{i})}{2H}}-a'\right)\left(e^{\frac{-\pi(W_1-z_b\mathrm{i}+\sqrt{(W_1-z_b\mathrm{i})^2-R^2}-x_w+z_b\mathrm{i}-H\mathrm{i})}{2H}}-\overline{a'}\right)}{\left(e^{\frac{-\pi(W_1-z_b\mathrm{i}+\sqrt{(W_1-z_b\mathrm{i})^2-R^2}-x_w+z_b\mathrm{i}-H\mathrm{i})}{2H}}-b'\right)\left(e^{\frac{-\pi(W_1-z_b\mathrm{i}+\sqrt{(W_1-z_b\mathrm{i})^2-R^2}-x_w+z_b\mathrm{i}-H\mathrm{i})}{2H}}-\overline{b'}\right)}$$

$$+\ln \frac{\left(e^{\frac{-\pi(\frac{R^2}{W_1-z_b\mathrm{i}+\sqrt{(W_1-z_b\mathrm{i})^2-R^2}}-x_w-z_b\mathrm{i}+H\mathrm{i})}{2H}}-a'\right)\left(e^{\frac{-\pi(\frac{R^2}{W_1-z_b\mathrm{i}+\sqrt{(W_1-z_b\mathrm{i})^2-R^2}}-x_w-z_b\mathrm{i}+H\mathrm{i})}{2H}}-\overline{a'}\right)}{\left(e^{\frac{-\pi(\frac{R^2}{W_6}-x_w-z_b\mathrm{i}+H\mathrm{i})}{2H}}-b'\right)\left(e^{\frac{-\pi(\frac{R^2}{W_6}-x_w-z_b\mathrm{i}+H\mathrm{i})}{2H}}-\overline{b'}\right)}$$

$$+C' \tag{4.24}$$

$$\phi_w = \mathrm{Real}\left[\Gamma(x_w, z_w-r_w)\right] \tag{4.25}$$

$$\phi_e = \mathrm{Real}\left[\Gamma(x_w, 0)\right] \tag{4.26}$$

则有

$$\phi_e = \frac{q}{2\pi}\phi_e \tag{4.27}$$

$$\phi_w = \frac{q}{2\pi}\phi_w \tag{4.28}$$

又

$$\phi_e = \frac{Kp_e}{\mu} \tag{4.29}$$

式中　p_e——油水界面处的压力,即供给压力,MPa;

　　　K——地层渗透率,$10^{-3}\mu m^2$;

　　　μ——原油黏度,mPa·s。

$$\phi_w = \frac{KP_w}{\mu} \tag{4.30}$$

式中　P_w——水平井井底压力,MPa。

联立式(4.27)和式(4.29)得:

$$p_e = \frac{\mu q \phi_e}{2\pi K} \tag{4.31}$$

联立式(4.28)和式(4.30)得:

$$p_w = \frac{\mu q \phi_w}{2\pi K} \tag{4.32}$$

式(4.31)与式(4.32)两式相减得:

$$\Delta p = p_e - p_w = \frac{\mu q(\phi_e - \phi_w)}{2\pi K} \tag{4.33}$$

由式(4.33)得:

$$Q = \frac{0.543KL\Delta p}{\mu(\phi_e - \phi_w)} \tag{4.34}$$

式中　Q——水平井总产量,m³/d;

　　　K——地层渗透率,$10^{-3}\mu m^2$;

　　　L——水平井总长度,m;

　　　Δp——生产压差,MPa;

　　　μ——流体黏度,mPa·s。

4.2.2.2　水平井产能影响因素分析

利用式(4.34)计算某发育夹层的底水油藏水平井产能,并研究夹层对水平井产能的影响。假设底水油藏含油高度 20m,渗透率 $3000 \times 10^{-3}\mu m^2$,油藏供给压力 20MPa,原油黏度 100mPa·s。其中有 1 口水平井生产,井眼半径为 0.1m,避水高度 19.5m,井底压力 19MPa。3 个算例的基础数据见表 4.1。

表 4.1　发育夹层的底水油藏水平井产能计算参数

算例	水平井长度/m	夹层范围/m	夹层与水平井垂直距离/m	水平井与夹层中心的水平距离/m
1	L	R	5	0
2	L	100	$z_w - z_b$	0
3	800	R	5	x_w

水平井正下方有一平行于油水界面的夹层,定义无量纲夹层范围为垂直于水平井平面内夹层半长与水平井长度的比值,研究其对水平井产能的影响。由图 4.18 可知,夹层范围越大,水平井产能越小。在与水平井垂直平面内,当夹层半长小于 1/10 水平井长度时,随夹层范围增大,水平井产能降低幅度较大;当夹层半长大于 1/10 水平井长度时,随夹层范围增大,水平井产能降低幅度较小。

图 4.19 为不同水平井长度情况下,水平井始终位于夹层上方,夹层纵向位置对水平井产能的影响。由图可知,夹层与水平井垂直距离越小,水平井产能越小,且夹层与水平井垂直距离越小,水平井产能减小幅度越大。

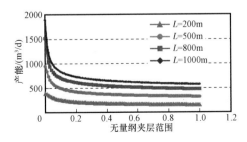

图 4.18　夹层范围对无限导流水平井的影响

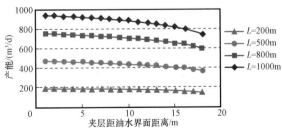

图 4.19　夹层纵向位置对无限导流水平井产能的影响

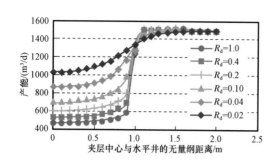

图 4.20　夹层平面位置对无限导流水平井产能的影响

将垂直于水平井平面内,水平井与夹层中心的水平距离与夹层半长的比值定义为夹层中心与水平井的无量纲距离,研究其对水平井产能的影响。由图 4.20 可知夹层中心离水平井越近,水平井产能越低,且当水平井与夹层中心的水平距离小于 0.9 倍的夹层半长时,水平井产能随该距离变大增加幅度较小。当水平井与夹层中心的水平距离大于 0.9 倍且小于 1.1 倍的夹层半长时,水平井产能随该距离变大增加幅度较大。当水平井与夹层中心的水平距离大于 1.1 倍的夹层半长时,夹层对水平井的产能基本无影响。

4.2.3　考虑水平井筒压降的产液剖面预测方法

（1）水平井井筒压降模型。

根据 Tom Clemo,Siwon 的射孔完井水平井井筒压降模型应用效果较好。用 Siwon 的射孔完井水平井井筒压降模型,射孔后水平井的管壁粗糙度与常规圆管不同,射孔后的管壁粗糙度为:

$$\varepsilon = \varepsilon_s + 0.282p^{2.4} \tag{4.35}$$

式中　ε_s——常规圆管粗糙度;

p——孔的比面。

$$p = \frac{n_p \pi d_p^2/4}{\pi d} = \frac{n_p d_p^2}{4d} \tag{4.36}$$

式中　n_p——孔密,m^{-1};

d_p——射孔孔眼直径,m;

d——水平井直径,m。

射孔后水平井的摩擦因子也由于射孔孔眼的影响与常规管流摩擦因子不同,射孔后的摩擦因子为:

$$f_s = f_a + f_p \tag{4.37}$$

$$f_p = 0.0106p^{0.413} \tag{4.38}$$

式中　f_a——管流摩擦因子;

f_p——射孔引起的管壁摩擦因子。

水平井由于其变质量流特性使得管内不同位置流量不同,f_a 的计算方法也不同。靠近趾端流量较小,当 $Re < 3545$ 时,流态为层流。

$$f_a = \frac{64}{Re}$$

$$Re = \frac{\rho d v}{\mu} \tag{4.39}$$

式中　Re——雷诺数；

　　　ρ——原油密度，kg/m^3；

　　　v——管流流速，m/s。

靠近趾端流量较大，当 $Re \geqslant 3545$ 时，流态为紊流。

$$\sqrt{\frac{1}{f_a}} = -2\lg\left[\frac{\varepsilon}{3.7065} - \frac{5.0452}{Re}\lg\left(\frac{\varepsilon^{1.1098}}{2.8257} + \frac{7}{Re^{0.8981}}\right)\right] \tag{4.40}$$

Siwon 水平井压降模型计算如式(4.41)，式中右边第一项为摩擦压降，第二项为加速度压降与混合压降。

$$\frac{-\mathrm{d}p}{\mathrm{d}x} = \frac{f_s}{d}\frac{\rho v^2}{2} + \frac{2}{d}\beta(1+\eta)v^2\frac{p v_p}{v} \tag{4.41}$$

$$\beta(1+\eta) = 1.05\left[1 + 1.175\left(b\frac{v^2}{v_p^2} + 1.235\right)^{-2}\right] \tag{4.42}$$

$$b = \frac{10}{(10^3 p)^{4.2}} + \frac{4}{10^7} \tag{4.43}$$

式中　v_p——油藏中流体通过射孔井眼时的速度，m/s；

（2）油藏渗流与井筒压降耦合的产液剖面预测方法。

将水平井筒分为 n 段（图4.21），第 i 段水平井在 $x-z$ 平面的坐标为 (x_i, z_w)。假设其射孔完井，射孔孔眼直径为 d_p，孔密为 n_p，从油藏流入该段单位长度的流量为 q_i。

在非均质地层中有：

$$p_{wj} = p_e + \sum_{i=1}^{N}\frac{\mu}{K_{ij}}(\phi_{ij} - \phi_{ie}) + \rho g(z_e - z) \tag{4.44}$$

$$K_{ij} = \frac{j - i + 1}{\dfrac{1}{K_i} + \dfrac{1}{K_{i+1}} + \cdots + \dfrac{1}{K_j}} \tag{4.45}$$

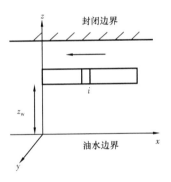

图4.21　水平井分段示意图

式中　p_{wj}——水平井第 j 微元段的压力，MPa；

　　　ϕ_{ij}——第 i 微元段在第 j 微元段处产生的势；

　　　ϕ_{ie}——第 i 微元段在油水界面处产生的势；

　　　K_{ij}——从第 i 微元段到第 j 微元段等效渗透率，μm^2。

由含有夹层的底水油藏水平井渗流复势函数可知：

$$\phi_{ij} = \mathrm{Re}[F(x_j, z_w - x_w)]_i = \frac{q_i}{2\pi}\mathrm{Re}[\Gamma(x_j, z_w - x_w)]_i \tag{4.46}$$

$$\phi_{ie} = \text{Re}[F(x_j, 0)]_i = \frac{q_i}{2\pi}\text{Re}[\Gamma(x_j, 0)]_i \tag{4.47}$$

记

$$\phi_{ij} = \text{Re}[\Gamma(x_j, z_w - x_w)]_i \tag{4.48}$$

$$\phi_{ie} = \text{Re}[\Gamma(x_j, 0)]_i \tag{4.49}$$

则式(4.44)可表达为:

$$p_{wj} = p_e + \sum_{i=1}^{N} \frac{\mu q_i}{2\pi K_{ij}}(\phi_{ij} - \phi_{ie}) + \rho g(z_e - z) \tag{4.50}$$

联立 n 个方程,可得方程组:

$$Aq = b \tag{4.51}$$

其中

$$A = \frac{\mu}{2\pi}\begin{bmatrix} \dfrac{\phi_{1e} - \phi_{11}}{k_{11}} & \dfrac{\phi_{2e} - \phi_{21}}{k_{21}} & \dfrac{\phi_{3e} - \phi_{31}}{k_{31}} & \cdots & \dfrac{\phi_{ne} - \phi_{n1}}{k_{n1}} \\[2ex] \dfrac{\phi_{1e} - \phi_{12}}{k_{12}} & \dfrac{\phi_{2e} - \phi_{22}}{k_{22}} & \dfrac{\phi_{3e} - \phi_{32}}{k_{32}} & \cdots & \dfrac{\phi_{ne} - \phi_{n2}}{k_{n2}} \\[2ex] \dfrac{\phi_{1e} - \phi_{13}}{k_{13}} & \dfrac{\phi_{2e} - \phi_{23}}{k_{23}} & \dfrac{\phi_{3e} - \phi_{33}}{k_{33}} & \cdots & \dfrac{\phi_{ne} - \phi_{n3}}{k_{n3}} \\[2ex] \vdots & \vdots & \vdots & \cdots & \vdots \\[2ex] \dfrac{\phi_{1e} - \phi_{1n}}{k_{1n}} & \dfrac{\phi_{2e} - \phi_{2n}}{k_{2n}} & \dfrac{\phi_{3e} - \phi_{3n}}{k_{3n}} & \cdots & \dfrac{\phi_{ne} - \phi_{nn}}{k_{nn}} \end{bmatrix} \tag{4.52}$$

$$q = \begin{bmatrix} q_1 \\ q_2 \\ q_3 \\ \vdots \\ q_n \end{bmatrix} \tag{4.53}$$

$$b = \begin{bmatrix} P_e - P_{w1} + \rho g(z_e - z_{w1}) \\ P_e - P_{w2} + \rho g(z_e - z_{w2}) \\ P_e - P_{w3} + \rho g(z_e - z_{w2}) \\ \vdots \\ P_e - P_{wn} + \rho g(z_e - z_{wn}) \end{bmatrix} \tag{4.54}$$

由式(4.41)可知水平井筒内长度为 $\mathrm{d}x$ 的微元段压降为:

$$\Delta P_{\mathrm{wi}} = \left[\frac{f_{\mathrm{si}}}{d} \frac{\rho v_i{}^2}{2} + \frac{2}{d} \beta_i (1 + \eta_i) v_i{}^2 \frac{pv_{\mathrm{pi}}}{v_i} \right] \mathrm{d}x$$

$$v_i = \frac{4 \sum\limits_i^{i+1} q_i}{\pi d^2} \tag{4.55}$$

式中 v_i——第 i 段水平井筒内沿井筒方向流体流速;

v_{pi}——油藏中流体流入第 i 段水平井。

(3)求解方法及模块编制。

式(4.51)与式(4.55)即组成耦合迭代模型。假设水平井沿程压力分布为 $p_{\mathrm{w}}{}^{(1)}$,根据式(4.51)计算得到水平井沿程流量(产液剖面),利用计算得到的沿程流量,根据式(4.55)计算得到水平井沿程压力分布 $p_{\mathrm{w}}{}^{(2)}$,若 $p_{\mathrm{w}}{}^{(2)} \neq p_{\mathrm{w}}{}^{(1)}$,则令水平井沿程压力分布为 $p_{\mathrm{w}}{}^{(2)}$,计算水平井沿程流量,如此迭代计算直至二者差值可以忽略,图 4.22 为计算流程图。

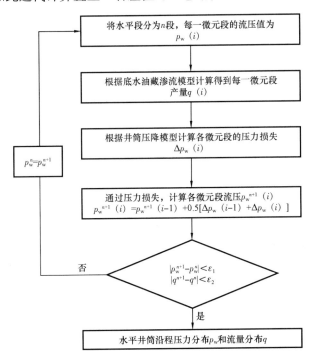

图 4.22 底水油藏渗流—井筒压降耦合计算流程

基于以上模型和算法,编制了含有夹层的底水油藏水平井产液剖面计算模块。

① 模块功能。

该模块可实现以下计算功能:

a. 计算含有夹层底水油藏水平井产能;

b. 计算含有夹层的非均质底水油藏水平井产液剖面;

c. 可进行底水油藏水平井产能影响因素研究(油层厚度、地层渗透率及非均质性、井筒长度、井筒半径、射孔密度、射孔长度、夹层分布、夹层大小)。

② 模块运行界面。

a. 数据输入。

点击"$x-z$ 平面示意图绘制"按钮,显示输入参数下夹层与水平井相对位置图示(图 4.23)。点击"导入渗透率数据"按钮,弹出如图 4.24 所示的窗口,导入数据格式如图 4.25 所示,其中第一列为某段渗透率起始位置,第二列为某段渗透率结束位置,第三列为该渗透率值,导入后界面出现水平井沿程渗透率分布图。

b. 水平井产液剖面计算。

点击"计算"按钮,得到水平井各段产能、总产能、水平井压力分布及水平井产液剖面曲线(图 4.26)。

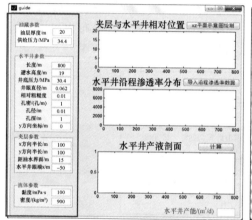

图 4.23　手动输入

图 4.24　文件导入

图 4.25　导入沿程渗透率数据格式

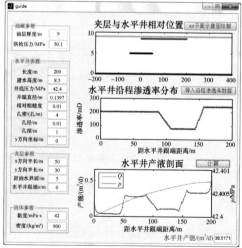

图 4.26　水平井产液剖面计算结果界面

4.3　底水油藏注水侧向驱替能力评价

4.3.1　研究思路

研究发现对于底水油藏,后期实施人工注水补充能量阶段,当原油黏度、储层物性、隔夹层分布、井网井距及注入速度等参数满足一定条件时,对前期天然能量开发阶段未波及部分的剩余油仍有一定的侧向驱替作用。为了描述这一侧向驱替作用的强弱,综合油藏工程方法及渗流力学相关理论,引入水线推进速度这一概念,对不同方向上的驱替能量进行表征,通过对不同方向上的驱替能量比较,对注水开发阶段的注入效果作出评价。

将水体的平面推进速度和纵向推进速度分别记为 v_y 和 v_z,若 $v_y > v_z$,则认为平面传递为驱替能量的主要方向,反之则认为纵向传递为水驱能量的主要方向。

4.3.2　平面及井轴方向的水线推进速度

依据渗流力学理论,对实际油藏做一定简化与假设,将实际油藏中多口注采井的复杂流动转化为均质无限大等厚油层中一源一汇渗流。假设无限大均质等厚油层,厚度为 h,油层下部为底水,距离油水界面高度为 a 处有一注一采两口水平井,注入量和产量均为 Q,井筒半径为 r_w,井距为 $2m$(图 4.27)。

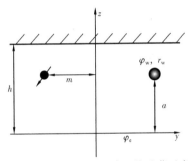

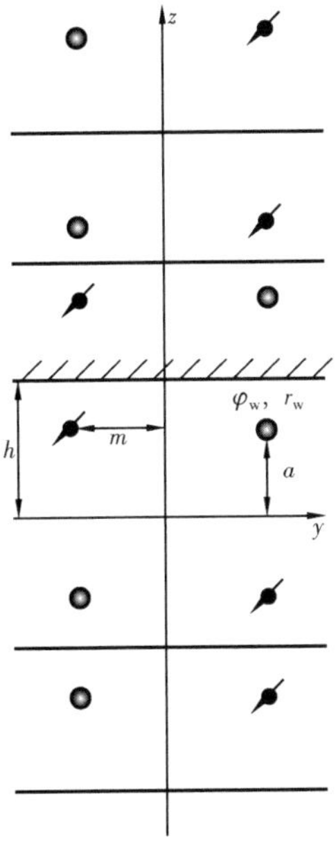

图 4.27　油藏工程方法建立的油藏示意图

假设:(1)底水定压边界是水平面;(2)油藏顶部按封闭边界处理;(3)油藏中的渗流符合达西定律;(4)油藏中的流体流动符合单相渗流规律。

根据底水油藏特点,利用镜像反映的原理,对不同类型的油藏边界进行处理,用一个等流量的异号井代替直线供给边界的作用,用一个等流量的同号井代替封闭边界的作用,对油藏中的注水井和生产井进行映射,经映射处理后的油藏用井将各类边界全部替换(图 4.28),形成无限井排渗流数学模型,便于后期计算。

在该模型中,各井点的井位坐标如下:

(1)注水井坐标:$(m, 2h + 4nh + a)$、$(m, 4nh - a)$、$(-m, 2h + 4nh - a)$、$(-m, 4nh + a)$。

(2)生产井坐标:$(m, 2h + 4nh - a)$、$(m, 4nh + a)$、$(-m, 2h + 4nh + a)$、$(-m, 4nh - a)$。

其中,$n = 0, \pm 1, \pm 2, \pm 3, \cdots, \pm \infty$

在确定每个井点的井位坐标以后,根据复势叠加原理确

图 4.28　无限井排渗流模型

定油藏纵向上每一点的势函数,复势叠加为:

$$W(Z) = \sum_{j=1}^{n} \left[\pm \frac{q_j}{2\pi} \ln(Z - a_j) + C_j \right] \tag{4.56}$$

令 $q = \dfrac{Q}{h}$,则该平面渗流场的势函数为:

$$\varphi = \frac{q}{2\pi} \sum_{j=1}^{n} \ln r_j + C \tag{4.57}$$

根据渗流力学中的复势叠加原理,油藏中任意一点的势函数为:

$$\varphi = \frac{q}{4\pi} \sum_{-\infty}^{+\infty} \ln \left\{ \frac{\left[(y-m)^2 + (z-2h-4nh+a)^2 \right]\left[(y-m)^2 + (z-4nh-a)^2 \right]}{\left[(y-m)^2 + (z-2h-4nh-a)^2 \right]\left[(y-m)^2 + (z-4nh+a)^2 \right]} \right.$$

$$\left. \frac{\left[(y+m)^2 + (z-2h-4nh-a)^2 \right]\left[(y+m)^2 + (z-4nh+a)^2 \right]}{\left[(y+m)^2 + (z-2h-4nh+a)^2 \right]\left[(y+m)^2 + (z-4nh-a)^2 \right]} \right\} + C \tag{4.58}$$

根据贝塞特公式:

$$\sum_{-\infty}^{+\infty} \ln \left[y^2 + (z-2nh-a)^2 \right] = \ln \left[\operatorname{ch} \frac{\pi y}{h} - \cos \frac{\pi(z-a)}{h} \right] \tag{4.59}$$

对复势叠加公式进行处理,得到油藏纵向剖面上各点的势函数:

$$\varphi(y,z) = \frac{q}{4\pi} \ln \left\{ \frac{\left[\operatorname{ch} \frac{\pi(y-m)}{2h} + \cos \frac{\pi(z+a)}{2h} \right]\left[\operatorname{ch} \frac{\pi(y-m)}{2h} - \cos \frac{\pi(z-a)}{2h} \right]}{\left[\operatorname{ch} \frac{\pi(y-m)}{2h} + \cos \frac{\pi(z-a)}{2h} \right]\left[\operatorname{ch} \frac{\pi(y-m)}{2h} - \cos \frac{\pi(z+a)}{2h} \right]} \right.$$

$$\left. \frac{\left[\operatorname{ch} \frac{\pi(y+m)}{2h} + \cos \frac{\pi(z-a)}{2h} \right]\left[\operatorname{ch} \frac{\pi(y+m)}{2h} - \cos \frac{\pi(z+a)}{2h} \right]}{\left[\operatorname{ch} \frac{\pi(y+m)}{2h} + \cos \frac{\pi(z+a)}{2h} \right]\left[\operatorname{ch} \frac{\pi(y+m)}{2h} - \cos \frac{\pi(z-a)}{2h} \right]} \right\} + C \tag{4.60}$$

令 $y = 0$ 且 $z = 0$,则 $\varphi(0,0) = \varphi_e = C$

所以油藏内任意一点势的分布计算公式为:

$$\varphi(y,z) = \varphi_e + \frac{q}{4\pi} \ln \left\{ \frac{\left[\operatorname{ch} \frac{\pi(y-m)}{2h} + \cos \frac{\pi(z+a)}{2h} \right]\left[\operatorname{ch} \frac{\pi(y-m)}{2h} - \cos \frac{\pi(z-a)}{2h} \right]}{\left[\operatorname{ch} \frac{\pi(y-m)}{2h} + \cos \frac{\pi(z-a)}{2h} \right]\left[\operatorname{ch} \frac{\pi(y-m)}{2h} - \cos \frac{\pi(z+a)}{2h} \right]} \right.$$

$$\left. \frac{\left[\operatorname{ch} \frac{\pi(y+m)}{2h} + \cos \frac{\pi(z-a)}{2h} \right]\left[\operatorname{ch} \frac{\pi(y+m)}{2h} - \cos \frac{\pi(z+a)}{2h} \right]}{\left[\operatorname{ch} \frac{\pi(y+m)}{2h} + \cos \frac{\pi(z+a)}{2h} \right]\left[\operatorname{ch} \frac{\pi(y+m)}{2h} - \cos \frac{\pi(z-a)}{2h} \right]} \right\} \tag{4.61}$$

为了求解油藏中各点的势沿各个方向上的变化率,将上述势函数分别对 y, z 进行求偏导,得到:

$$\frac{\partial \varphi}{\partial y} = \frac{q}{4h} \left\{ \frac{\text{sh}\frac{\pi(y-m)}{2h}\cos\frac{\pi(z-a)}{2h}}{\left[\text{ch}\frac{\pi(y-m)}{2h}\right]^2 - \left[\cos\frac{\pi(z-a)}{2h}\right]^2} + \frac{\text{sh}\frac{\pi(y+m)}{2h}\cos\frac{\pi(z+a)}{2h}}{\left[\text{ch}\frac{\pi(y+m)}{2h}\right]^2 - \left[\cos\frac{\pi(z+a)}{2h}\right]^2} \right.$$

$$\left. - \frac{\text{sh}\frac{\pi(y-m)}{2h}\cos\frac{\pi(z+a)}{2h}}{\left[\text{ch}\frac{\pi(y-m)}{2h}\right]^2 - \left[\cos\frac{\pi(z+a)}{2h}\right]^2} - \frac{\text{sh}\frac{\pi(y+m)}{2h}\cos\frac{\pi(z-a)}{2h}}{\left[\text{ch}\frac{\pi(y+m)}{2h}\right]^2 - \left[\cos\frac{\pi(z-a)}{2h}\right]^2} \right\} \quad (4.62)$$

$$\frac{\partial \varphi}{\partial z} = \frac{q}{4h} \left\{ \frac{\text{ch}\frac{\pi(y-m)}{2h}\sin\frac{\pi(z-a)}{2h}}{\left[\text{ch}\frac{\pi(y-m)}{2h}\right]^2 - \left[\cos\frac{\pi(z-a)}{2h}\right]^2} - \frac{\text{ch}\frac{\pi(y-m)}{2h}\sin\frac{\pi(z+a)}{2h}}{\left[\text{ch}\frac{\pi(y-m)}{2h}\right]^2 - \left[\cos\frac{\pi(z+a)}{2h}\right]^2} \right.$$

$$\left. + \frac{\text{ch}\frac{\pi(y+m)}{2h}\cos\frac{\pi(z+a)}{2h}}{\left[\text{ch}\frac{\pi(y+m)}{2h}\right]^2 - \left[\cos\frac{\pi(z+a)}{2h}\right]^2} - \frac{\text{ch}\frac{\pi(y+m)}{2h}\cos\frac{\pi(z-a)}{2h}}{\left[\text{ch}\frac{\pi(y+m)}{2h}\right]^2 - \left[\cos\frac{\pi(z-a)}{2h}\right]^2} \right\} \quad (4.63)$$

为了进一步对问题进行简化,假设 z 轴方向为纯水流动区,y 轴方向为纯油流动区,根据流体渗流速度与势函数的关系,有如下关系式:

$$v_y = -\frac{\partial \varphi}{\partial y} \quad (4.64)$$

$$v_z = -\frac{\partial \varphi}{\partial z} - \frac{k_z}{\mu_w}\rho_w g \quad (4.65)$$

根据不同方向上水线推进速度和势函数梯度的关系,可以求得对应方向上水线推进速度的函数表达式。

$$v_y = \frac{q}{4h} \left\{ \frac{\text{sh}\frac{\pi(y-m)}{2h}\cos\frac{\pi(z+a)}{2h}}{\left[\text{ch}\frac{\pi(y-m)}{2h}\right]^2 - \left[\cos\frac{\pi(z+a)}{2h}\right]^2} + \frac{\text{sh}\frac{\pi(y+m)}{2h}\cos\frac{\pi(z-a)}{2h}}{\left[\text{ch}\frac{\pi(y+m)}{2h}\right]^2 - \left[\cos\frac{\pi(z-a)}{2h}\right]^2} \right.$$

$$\left. - \frac{\text{sh}\frac{\pi(y-m)}{2h}\cos\frac{\pi(z-a)}{2h}}{\left[\text{ch}\frac{\pi(y-m)}{2h}\right]^2 - \left[\cos\frac{\pi(z-a)}{2h}\right]^2} - \frac{\text{sh}\frac{\pi(y+m)}{2h}\cos\frac{\pi(z+a)}{2h}}{\left[\text{ch}\frac{\pi(y+m)}{2h}\right]^2 - \left[\cos\frac{\pi(z+a)}{2h}\right]^2} \right\} \quad (4.66)$$

同理,

$$v_z = \frac{q}{4h} \left\{ \frac{\text{ch}\frac{\pi(y-m)}{2h}\sin\frac{\pi(z+a)}{2h}}{\left[\text{ch}\frac{\pi(y-m)}{2h}\right]^2 - \left[\cos\frac{\pi(z+a)}{2h}\right]^2} - \frac{\text{ch}\frac{\pi(y-m)}{2h}\sin\frac{\pi(z-a)}{2h}}{\left[\text{ch}\frac{\pi(y-m)}{2h}\right]^2 - \left[\cos\frac{\pi(z-a)}{2h}\right]^2} \right.$$

$$\left. + \frac{\text{ch}\frac{\pi(y+m)}{2h}\cos\frac{\pi(z-a)}{2h}}{\left[\text{ch}\frac{\pi(y+m)}{2h}\right]^2 - \left[\cos\frac{\pi(z-a)}{2h}\right]^2} - \frac{\text{ch}\frac{\pi(y+m)}{2h}\cos\frac{\pi(z+a)}{2h}}{\left[\text{ch}\frac{\pi(y+m)}{2h}\right]^2 - \left[\cos\frac{\pi(z+a)}{2h}\right]^2} \right\} \quad (4.67)$$

其中重力对水线推进速度的影响可忽略。将油藏基本参数代入上述关系式,可以得到油藏中不同位置上的水线推进速度。

从图4.29和图4.30可以看出在整个油藏中的水线推进速度沿着平面及纵向上的分布及变化情况。在人工注水阶段,受注水井注水压力递减的影响,近井地带和远井区的水线推进速度变化规律相差很大。从图上来看,在近井地带,注入水在平面驱替速度是纵向驱替速度的1/6左右,而在远井地带,平面推进速度衰减很快,波及范围较小。因此,相对于纵向驱替,平面驱替存在驱替速度小、速度衰减快、波及范围小等问题,所得到的结论与室内物理模拟实验及油藏数值模拟的结论基本一致。

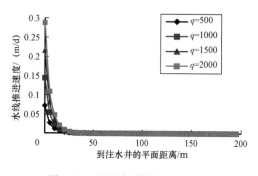

图4.29 平面水线推进速度分布

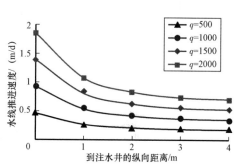

图4.30 纵向水线推进速度分布

4.3.3 其他位置水线推进速度

油藏其他位置上的注水开发阶段也可通过公式推导来进行表征。其主要思路是将复势函数的坐标系原点移动到注水井的位置上,然后将平面直角坐标系转化为极坐标系的形式。

(1)转移坐标原点。

将坐标原点转移到注水井所在的位置(图4.31)。

坐标转移后油藏中每一点的势为:

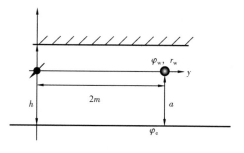

图4.31 以注水井为坐标原点的油藏示意图

$$\varphi(y,z) = \varphi_e - \frac{q}{4\pi}\ln\left\{\frac{\left[\mathrm{ch}\frac{\pi(y-2m)}{2h} + \cos\frac{\pi z}{2h}\right]\left[\mathrm{ch}\frac{\pi(y-2m)}{2h} - \cos\frac{\pi(z+2a)}{2h}\right]}{\left[\mathrm{ch}\frac{\pi(y-2m)}{2h} + \cos\frac{\pi(z+2a)}{2h}\right]\left[\mathrm{ch}\frac{\pi(y-2m)}{2h} - \cos\frac{\pi z}{2h}\right]}\right.$$

$$\left.\frac{\left[\mathrm{ch}\frac{\pi y}{2h} + \cos\frac{\pi(z+2a)}{2h}\right]\left[\mathrm{ch}\frac{\pi y}{2h} - \cos\frac{\pi z}{2h}\right]}{\left[\mathrm{ch}\frac{\pi y}{2h} + \cos\frac{\pi z}{2h}\right]\left[\mathrm{ch}\frac{\pi y}{2h} - \cos\frac{\pi(z+2a)}{2h}\right]}\right\} \tag{4.68}$$

(2)坐标系转换。

如图4.32所示,将平面直角坐标系转换为极坐标系,即:

$$\begin{cases} y = r\cos\theta \\ z = r\sin\theta \end{cases} \tag{4.69}$$

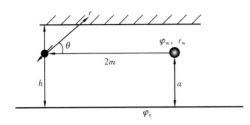

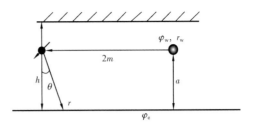

图 4.32　极坐标系下的油藏示意图　　　图 4.33　极轴旋转后的油藏剖面图示意图

则坐标系变换后油藏中每一点的势为：

$$\varphi(r,\theta) = \varphi_e$$

$$- \frac{q}{4\pi}\ln\left\{ \frac{\left[\operatorname{ch}\dfrac{\pi(r\cos\theta - 2m)}{2h} + \cos\dfrac{\pi r\sin\theta}{2h}\right]\left[\operatorname{ch}\dfrac{\pi(r\cos\theta - 2m)}{2h} - \cos\dfrac{\pi(r\sin\theta + 2a)}{2h}\right]}{\left[\operatorname{ch}\dfrac{\pi(r\cos\theta - 2m)}{2h} + \cos\dfrac{\pi(r\sin\theta + 2a)}{2h}\right]\left[\operatorname{ch}\dfrac{\pi(r\cos\theta - 2m)}{2h} - \cos\dfrac{\pi r\sin\theta}{2h}\right]} \right.$$

$$\left. \frac{\left[\operatorname{ch}\dfrac{\pi r\cos\theta}{2h} + \cos\dfrac{\pi(r\sin\theta + 2a)}{2h}\right]\left[\operatorname{ch}\dfrac{\pi r\cos\theta}{2h} - \cos\dfrac{\pi r\sin\theta}{2h}\right]}{\left[\operatorname{ch}\dfrac{\pi r\cos\theta}{2h} + \cos\dfrac{\pi r\sin\theta}{2h}\right]\left[\operatorname{ch}\dfrac{\pi r\sin\theta}{2h} - \cos\dfrac{\pi(r\sin\theta + 2a)}{2h}\right]} \right\} \tag{4.70}$$

为了便于确定参数取值范围，将极坐标系的极轴按顺时针旋转 90°（图 4.33）。变换后油藏中每一点的势为：

$$\varphi(r,\theta) = \varphi_e$$

$$- \frac{q}{4\pi}\ln\left\{ \frac{\left[\operatorname{ch}\dfrac{\pi(r\sin\theta - 2m)}{2h} + \cos\dfrac{\pi r\cos\theta}{2h}\right]\left[\operatorname{ch}\dfrac{\pi(r\sin\theta - 2m)}{2h} - \cos\dfrac{\pi(r\cos\theta + 2a)}{2h}\right]}{\left[\operatorname{ch}\dfrac{\pi(r\sin\theta - 2m)}{2h} + \cos\dfrac{\pi(r\cos\theta + 2a)}{2h}\right]\left[\operatorname{ch}\dfrac{\pi(r\sin\theta - 2m)}{2h} - \cos\dfrac{\pi r\cos\theta}{2h}\right]} \right.$$

$$\left. \frac{\left[\operatorname{ch}\dfrac{\pi r\sin\theta}{2h} + \cos\dfrac{\pi(r\cos\theta + 2a)}{2h}\right]\left[\operatorname{ch}\dfrac{\pi r\sin\theta}{2h} - \cos\dfrac{\pi r\cos\theta}{2h}\right]}{\left[\operatorname{ch}\dfrac{\pi r\sin\theta}{2h} + \cos\dfrac{\pi r\cos\theta}{2h}\right]\left[\operatorname{ch}\dfrac{\pi r\sin\theta}{2h} - \cos\dfrac{\pi(r\cos\theta - 2a)}{2h}\right]} \right\} \tag{4.71}$$

（3）方程求解。

将势函数沿着极轴方向进行求导，得到不同角度下油藏中流体质点的推进速度：

$$v = -\frac{\partial \varphi}{\partial r} \tag{4.72}$$

即

$$v = \frac{q}{4h}\left\{ \frac{\text{sh}\,\dfrac{\pi(r\sin\theta - 2m)}{2h}\cos\dfrac{\pi r\cos\theta}{2h}\sin\theta + \cos\theta\sin\dfrac{\pi r\cos\theta}{2h}\text{ch}\,\dfrac{\pi(r\sin\theta - 2m)}{2h}}{\left[\,\text{ch}\,\dfrac{\pi(r\sin\theta - m)}{2h}\,\right]^2 - \left[\,\cos\left(\dfrac{\pi r\cos\theta}{2h}\right)\,\right]^2} \right.$$

$$- \frac{\text{sh}\,\dfrac{\pi(r\cos\theta - 2m)}{2h}\cos\dfrac{\pi(r\cos\theta - 2a)}{2h}\sin\theta + \cos\theta\sin\dfrac{\pi(r\cos\theta - 2a)}{2h}\text{ch}\,\dfrac{\pi(r\sin\theta - 2m)}{2h}}{\left[\,\text{ch}\,\dfrac{\pi(r\sin\theta - 2m)}{2h}\,\right]^2 - \left[\,\cos\dfrac{\pi(r\cos\theta - 2a)}{2h}\,\right]^2}$$

$$- \frac{\text{sh}\,\dfrac{\pi r\sin\theta}{2h}\cos\dfrac{\pi(r\cos\theta - 2a)}{2h}\sin\theta + \cos\theta\sin\dfrac{\pi(r\cos\theta - 2a)}{2h}\text{ch}\,\dfrac{\pi r\sin\theta}{2h}}{\left(\,\text{ch}\,\dfrac{\pi r\sin\theta}{2h}\,\right)^2 - \left[\,\cos\dfrac{\pi(r\cos\theta - 2a)}{2h}\,\right]^2}$$

$$\left. + \frac{\text{sh}\,\dfrac{\pi r\sin\theta}{2h}\cos\dfrac{\pi r\cos\theta}{2h}\sin\theta + \cos\theta\sin\dfrac{\pi r\cos\theta}{2h}\text{ch}\,\dfrac{\pi r\sin\theta}{2h}}{\left(\,\text{ch}\,\dfrac{\pi r\sin\theta}{2h}\,\right)^2 - \left(\,\cos\dfrac{\pi r\cos\theta}{2h}\,\right)^2} \right\} \tag{4.73}$$

4.3.4　水线推进速度变化规律

根据以上对油藏中不同位置上注入水推进速度的计算,得到不同角度下注入水推进速度在油藏中的递减变化规律。从近井地带不同角度处水线推进速度分布情况来看,在水腔区域,渗流速度变化较小,且渗流速度较大,并且水锥形成的空腔区域水质点的移动速度明显高于未波及区域,根据速度衰减的差异可以大致划分出波及区与未波及区。根据水线推进速度的计算结果,可以绘制相应的推进速度等值线图(图4.34),将油藏的基本参数代入水线推进速度的计算模型中,可得不同角度(位置)处水线推进速度在整个剖面上的分布特征(图4.35)。由图可知,底水油藏注水井附近的速度分布呈现出由内向外逐渐减小的特点,水平井与底水边界之间一旦形成水流通道,水驱前缘形成纵向上的水驱"舌进"现象(流线在纵向上体现为"倒立水锥")。

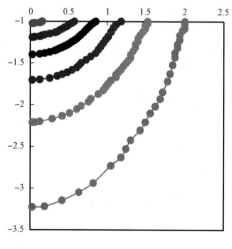

图4.34　水线推进速度分布等值线

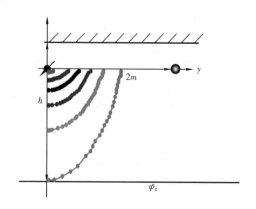

图4.35　油藏内水线推进速度等值线

4.4 注水侧向驱替波及形态

4.4.1 研究思路

为了评价生产井转注后水驱效果,利用流管法对前面模型的生产井 10 年后转注水驱的效果进行分析。

4.4.2 方法原理

利用镜像反映原理在注水井纵向剖面划分流管,利用流管法分别对纵向和横向任刻的水驱前缘位置计算,描述出整体波及形态。

模型基本假设条件:

(1)注水井是开采 10 年后的生产井转注的;

(2)油藏上部为油,下部为无限大底水,油水边界为定压边界;

(3)等腰三角形流管模型;

(4)忽略重力影响。

模型基本参数:$\mu_o = 50 \text{mPa·s}$,$\mu_w = 0.33 \text{mPa·s}$,$\phi = 0.28$,$K_x = 2 \mu\text{m}^2$,$K_z = 0.2 \mu\text{m}^2$,井距 400m,水平井水平长度 300m,油层厚度 10m(图 4.36)。

模型的几何关系:

$$\alpha = \beta; \frac{\alpha}{\beta} = \frac{\Delta\alpha}{\Delta\beta} = \frac{\alpha_{max}}{\beta_{max}} \qquad (4.74)$$

$$\gamma = \theta; \frac{\gamma}{\theta} = \frac{\Delta\gamma}{\Delta\theta} = \frac{\gamma_{max}}{\theta_{max}} \qquad (4.75)$$

(1)纵向波及特征计算方法。

如图 4.37 所示,利用式(4.75)对单流管截面流量式(4.76)在沿流管积分得到每条流管流量,在流管划分范围内对角度进行积分,得到整个流管范围内的产量。

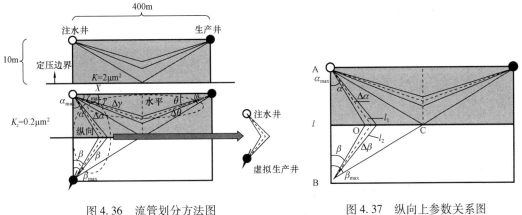

图 4.36 流管划分方法图   图 4.37 纵向上参数关系图

$$\Delta q = -K\left(\frac{K_{ro}}{\mu_o} + \frac{K_{rw}}{\mu_w}\right)A(\varepsilon)\frac{dp}{d\varepsilon} \tag{4.76}$$

$$\Delta Q = \frac{-K\left(\frac{K_{ro}}{\mu_o} + \frac{K_{rw}}{\mu_w}\right)(p_h - p_f)}{\int_L \frac{d\varepsilon}{A(\varepsilon)}} \tag{4.77}$$

$$A_1(\varepsilon) = 2m\varepsilon\tan\frac{\Delta\alpha}{2} \tag{4.78}$$

式中 q——ε 处截面流量,m^3/d;

Q——ε 整根流管的流量,m^3/d;

K——绝对渗透率,μm^2;

K_{ro}——油相渗透率,μm^2;

K_{rw}——水相渗透率,μm^2;

μ_o——油的黏度,$mPa \cdot s$;

μ_w——水的黏度,$mPa \cdot s$;

$A_1(\varepsilon)$——纵向上 ε 处的截面积,m^2;

p_f——井底流压,MPa;

p_h——油藏压力,MPa;

m——水平井水平段的长度,m;

α——流管与纵向上的夹角。

利用前面的假设条件,得到简化结果:

$$Q_z = \frac{mK_z}{2\mu_w}(p_h - p_f)\int_0^{\alpha_{max}}\frac{1}{\ln\frac{l}{2r_w\cos\alpha}}d\alpha \tag{4.79}$$

式中 l——油藏厚度的 2 倍,m;

r_w——井筒半径,m。

通过数值积分得到:

$$Q_z = 27.027(p_h - p_f) \tag{4.80}$$

利用水驱油移动方程,推导出任意时间与水驱前缘的关系(图 4.38 和图 4.39)。

$$\int_0^\varepsilon A_1(\varepsilon)d\varepsilon = \int_0^t \frac{\Delta q f_w'(S_{wf})}{\phi}dt \tag{4.81}$$

式中 ϕ——孔隙度;

$f_w'(S_{wf})$——水驱前缘处含水率的导数。

当水驱前缘到达定压边界时,水驱时间的表达式如下:

$$t_1(\alpha) = \frac{l^2}{4\cos^2\alpha} \cdot \frac{\bar{\mu}\phi}{K_z f'_{\text{w}}(S_{\text{wf}})} \cdot \frac{\ln\dfrac{l}{2r_{\text{w}}\cos\alpha}}{p_{\text{h}} - p_{\text{f}}} \tag{4.82}$$

$\alpha = 0$，流管首先到达定压边界，用时为：

$$t_1(\alpha = 0) = \frac{l^2}{4} \cdot \frac{\bar{\mu}\phi}{K_z f'_{\text{w}}(S_{\text{wf}})} \cdot \frac{\ln\dfrac{l}{2r_{\text{w}}}}{p_{\text{h}} - p_{\text{f}}} \tag{4.83}$$

当时间 $t \leqslant t_1(\alpha = 0)$ 时，水驱前缘表达式如下：

$$L_{fl}^2(\alpha) = \frac{\dfrac{K_z f'_{\text{w}}(S_{\text{wf}})}{\bar{\mu}\phi}(p_{\text{h}} - p_{\text{f}})t}{\ln\dfrac{l}{2r_{\text{w}}\cos\alpha}} \tag{4.84}$$

当时间 $t > t_1(\alpha = 0)$ 时，水驱前缘表达式：

① $\alpha \leqslant \alpha_n$

$$L_{fl}(\alpha) = \frac{l}{2\cos\alpha} \tag{4.85}$$

② $\alpha > \alpha_n$

$$L_{fl}^2(\alpha) = \frac{\dfrac{K_z f'_{\text{w}}(S_{\text{wf}})}{\bar{\mu}\phi}(p_{\text{h}} - p_{\text{f}})t}{\ln\dfrac{l}{2r_{\text{w}}\cos\alpha}} \tag{4.86}$$

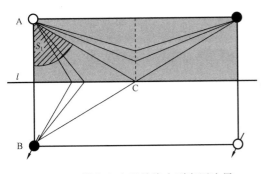

图 4.38　纵向上水驱前缘未到定压边界
流管特征

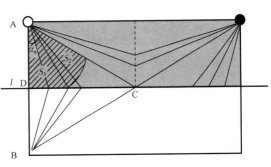

图 4.39　纵向上水驱前缘达到定压边界
后流管特征

（2）平面波及特征计算方法。

如图 4.40 所示，对单流管截面流量在沿流管积分得到每条流管流量，在流管划分范围内对角度进行积分，得到整个流管范围内的产量。

$$A_2(\varepsilon) = 2m\tan\frac{\Delta\gamma}{2} \tag{4.87}$$

$$Q_x = \frac{mK_x}{2\bar{\mu}}(p_h - p_f)\int_0^{\gamma_{max}} \frac{1}{\ln \dfrac{l'}{2r_w\cos\gamma}}\mathrm{d}\gamma \tag{4.88}$$

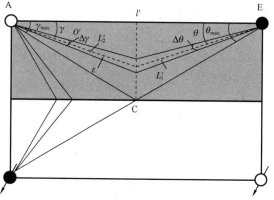

图 4.40　水平上参数关系图

$$\bar{\mu} = 1\Big/ \left(\frac{K_{ro}}{\mu_o} + \frac{K_{rw}}{\mu_w}\right); \tag{4.89}$$

式中　γ——流管与水平方向夹角；

$\quad\quad l'$——井距，m；

$\quad\quad A_2(\varepsilon)$——水平上 ε 处的截面积，m^2。

通过数值积分得到：

$$Q_x = \frac{1.98}{\bar{\mu}}(p_h - p_f) \tag{4.90}$$

利用水驱油移动方程推导出任意时间与水驱前缘的关系（图 4.41 和图 4.42）。

$$\int_0^\varepsilon A_2(\varepsilon)\mathrm{d}\varepsilon = \int_0^t \frac{\Delta q f'_w(S_{wf})}{\phi}\mathrm{d}t \tag{4.91}$$

当水驱前缘到两井中点时，水驱时间的表达式如下：

$$t_1'(\gamma) = \frac{l'^2}{4\cos^2\gamma} \cdot \frac{\bar{\mu}\phi}{K_x f'_w(S_{wf})} \cdot \frac{\ln \dfrac{l'}{2r_w\cos\gamma}}{p_h - p_f} \tag{4.92}$$

$\gamma = 0$，流管首先到达到两井中点时，时间 $t_1'(\gamma = 0) = \dfrac{l'^2}{4} \cdot \dfrac{\bar{\mu}\phi}{K_x f'_w(S_{wf})} \cdot \dfrac{\ln \dfrac{l'}{2r_w}}{p_h - p_f}$，当时间 t $\leqslant t_1'(\gamma = 0)$ 时，水驱前缘表达式如下：

$$L'^2_{f1}(\gamma) = \frac{\dfrac{K_x f'_w(S_{wf})}{\bar{\mu}\phi}(p_h - p_f)t}{\ln \dfrac{l'}{2r_w\cos\gamma}} \tag{4.93}$$

当时间 $t > t_1'(\gamma = 0)$ 时,水驱前缘表达式:

(1) $\gamma \leqslant \gamma_n$:

$$L_{f1}'(\gamma) = \frac{l'}{\cos\gamma} - \sqrt{\frac{\dfrac{K_x}{\bar{\mu}\phi}(p_h - p_f)[2t_1'(\gamma) - t]}{\ln\dfrac{l'}{2r_w\cos\gamma}}} \qquad (4.94)$$

(2) $\gamma > \gamma_n$:

$$L_{f1}'^2(\gamma) = \frac{\dfrac{K_x f_w'(S_{wf})}{\bar{\mu}\phi}(p_h - p_f)t}{\ln\dfrac{l'}{2r_w\cos\gamma}} \qquad (4.95)$$

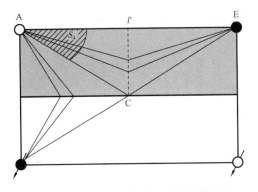

图 4.41   水平上水驱前缘未到达两井中点   图 4.42   水平上水驱前缘到达两井中点后

4.4.3   波及形态分析

首先截取模型开采 10 年后含油饱和度的场(图 4.43),计算出每条流线的平均含水饱和度,基于相渗曲线再计算出任意时间任意角度的水驱前缘位置,最后利用 CAD 软件可以得到水驱前缘波及形态(如图 4.44 所示,以 50mPa·s 为例)。

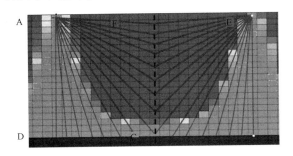

图 4.43   模型 10 年后含油饱和度场

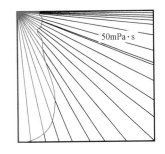

图 4.44   50mPa·s 油藏的波及形态

从图 4.45 可以看出:(1)随注水时间增加,平均水线推进速度前期下降较快,后期逐渐平缓;(2)随注水时间的增加,前期纵横平均水线速度差异加大,后期逐渐趋于稳定。

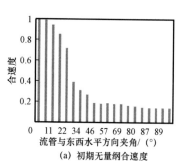

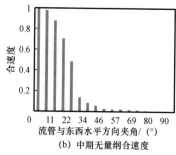

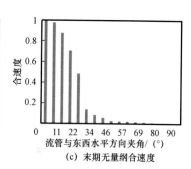

图 4.45 50mPa·s 油藏不同时期不同角度水驱推进速度柱状图

利用上述方法可以得到不同黏度在同一时期的水线推进速度（图 4.46）。由图可知，随着黏度的增加，平均水线速度呈现下降趋势，而且纵横水线平均速度差异加大，更多的水往纵向上跑，黏度增加到 150mPa·s 后，这种差异趋于稳定。

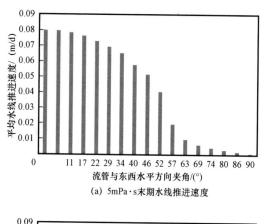

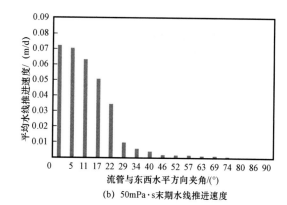

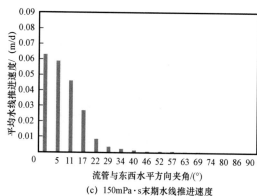

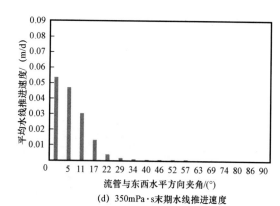

图 4.46 不同原油黏度下水线推进速度在末期的柱状图

同样可得到在水驱初期，不同黏度条件下的波及形态（图 4.47）。由图可知，随黏度增加，纵横波及面积差异加大，更多的水往纵向上跑，黏度增加到 150mPa·s 后，这种差异趋于稳定。

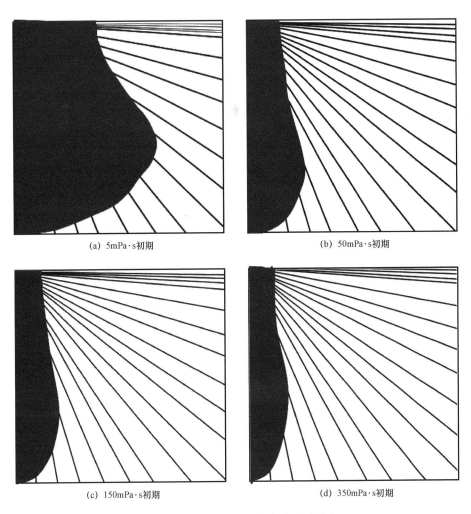

(a) 5mPa·s初期

(b) 50mPa·s初期

(c) 150mPa·s初期

(d) 350mPa·s初期

图 4.47　水驱初期不同黏度的波及形态

第5章 边水油藏立体水驱波及表征方法

本章主要研究了边水油藏立体水驱波及特征及表征方法。首先建立了边水油藏水驱波及表征模型,计算了边水油藏水驱前缘。然后,厘清了边水油藏内外水脊的边界,刻画了不同开发阶段水脊形态。最后,依据边水油藏内外水脊演变规律,归纳了边水油藏内外水脊及油水过渡带演变模式。

5.1 边水油藏水驱波及定量表征方法

单井无水采收期短、含水上升快及产量递减快是边水油藏开发过程中存在的核心问题。为了进一步探究边水入侵机理,从目标油田抽提出边部井、中部井及内部井模型,利用流管法对边部井、中部井及内部井进行流管划分,刻画边水水驱前缘形态过程。综合油田动态特征及边水水侵物理模拟实验成果,认为边水至边部井的驱替方式为边水驱—次生底水驱,边部井至中部井的驱替方式为次生底水驱—底水驱,中部井至内部井的驱替方式为底水驱(图5.1)。

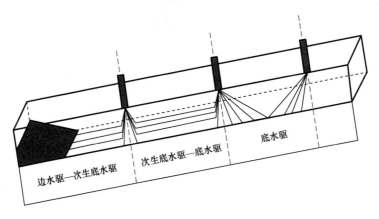

图5.1 边水驱油藏流管划分结果

5.1.1 模型建立

流管模型假设条件为:(1)各流管相互不干扰;(2)每条流管边水部分假想为一口水井;(3)油井可视为质点;(4)忽略毛管压力。

根据边部井、中部井及内部井流管划分结果,建立三维坐标系,模型各参数如图5.2所示。

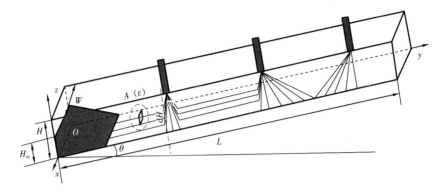

图 5.2　3D 流管模型微元流管截面示意图

式中　θ——油层倾角,(°);

　　　L——油层长度,m;

　　　W——油层宽度,m;

　　　H——油层厚度,m;

　　　H_w——边水厚度,m;

　　　dH——微元流管厚度,m;

　　　m——边部井水锥半径,m。

考虑重力的流管微元截面流量公式为:

$$dq = -K\left(\frac{K_{ro}}{\mu_o} + \frac{K_{rw}}{\mu_w}\right)A(\varepsilon)\left(\frac{dp}{d\varepsilon} + \rho_{ow}g\sin\theta\right) \tag{5.1}$$

式(5.1)积分形式为:

$$dq = \frac{-K\left(\dfrac{K_{ro}}{\mu_o} + \dfrac{K_{rw}}{\mu_w}\right)\left[p_e - p_f + \rho_{ow}g\sin\theta(L - r_w)\right]}{\displaystyle\int_{r_w}^{L}\frac{d\varepsilon}{A(\varepsilon)}} \tag{5.2}$$

式中　p_e——地层平均压力,MPa;

　　　p_f——井底压力,MPa;

　　　r_w——每条流线假想注水井井半径,m;

　　　$A(\varepsilon)$——距离 ε 处流管截面面积,m²。

利用式(5.2)分区域(边部区、中部区及内部区)对流管模型进行求解(图5.3),后续以边部区为例计算求解。把边部区进一步细分成三段求解(图5.4)。

首先求解各段 ε 处截面表达式,第一段截面(图5.5)表达式为:

$$A_1(\varepsilon) = W\varepsilon\tan\theta \tag{5.3}$$

其中

$$r_w < \varepsilon < \frac{dH}{\tan\theta}$$

第二段截面(图5.6)表达式为：

$$A_2(\varepsilon) = WdH \tag{5.4}$$

其中

$$\frac{dH}{\tan\theta} < \varepsilon < L_1 - m$$

式中　L_1——边水底部至边部井底部的距离,m。

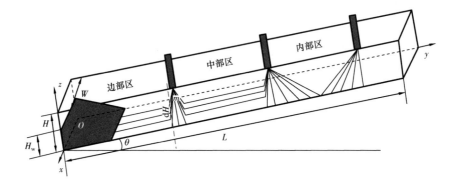

图5.3　流管模型求解思路示意图

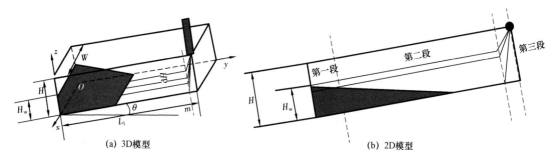

(a) 3D模型　　　　　　　　　　　　(b) 2D模型

图5.4　边部区流管模型

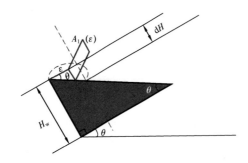

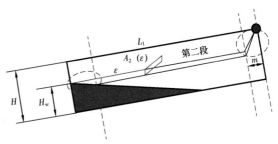

图5.5　边部区2D流管模型第一段示意图　　　图5.6　边部区2D流管模型第二段示意图

第三段截面表达式为：

(1)上部结果(图5.7)。

$$A_{31} = 2W\left(L_1 - m + \cfrac{m}{\cos\cfrac{\arctan\cfrac{H - H_w + dH}{m} + \arctan\cfrac{H - H_w}{m}}{2}} - r'_w - \varepsilon\right)$$

$$\tan\cfrac{\arctan\cfrac{H - H_w + dH}{m} + \arctan\cfrac{H - H_w}{m}}{2} \tag{5.5}$$

式中　r'_w——边部井井半径，m。

由于 $m \gg H - H_w$，则 $\arctan\dfrac{H - H_w + dH}{m} \sim \dfrac{H - H_w + dH}{m}$，$\arctan\dfrac{H - H_w}{m} \sim \dfrac{H - H_w}{m}$，$\cos\dfrac{dH}{2m} \sim 1$，那么可将式（5.5）化简。

$$A_{31} = \frac{WdH}{m}(L_1 - r'_w - \varepsilon) \tag{5.6}$$

其中

$$L_1 - m < \varepsilon < L_1 - r'_w$$

（2）下部结果（图5.8）。

$$A_{32} = 2W\left[\sqrt{H^2 + (m - x)^2} - \varepsilon\right]\tan\frac{\Delta\alpha}{2} \tag{5.7}$$

式中　x——距离边部井井底距离，m；

$\Delta\alpha$——第三段下部流管角度增量，（°）。

其中

$$L_1 + x - m < \varepsilon < L_1 + x + \sqrt{H^2 + (m - x)^2} - m - r'_w$$

最终得到微元厚度流管产量公式：

$$dq = \frac{W\tan\theta\left\{-K\left(\dfrac{K_{ro}}{\mu_o} + \dfrac{K_{rw}}{\mu_w}\right)\left[p_e - p_f + \rho_{ow}g\sin\theta(L - r_w)\right]\right\}}{\ln dH + \left(L_1 - m + m\ln\dfrac{m}{r_w}\right)\tan\theta \cdot \dfrac{1}{dH} - \ln(r_w\tan\theta) - 1} \tag{5.8}$$

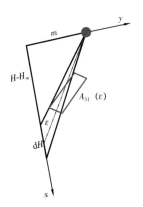

图 5.7　边部区 2D 流管模型第三段上部示意图

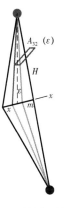

图 5.8　边部区 2D 流管模型第三段下部示意图

5.1.2　模型可靠性分析

基于边水驱替模型参数,分别对式(5.8)中的$\dfrac{K_{ro}}{\mu_o}+\dfrac{K_{rw}}{\mu_w}$、$p_e-p_f$项平均处理。利用 Matlab GUI 模块对边部井日产油量进行计算,并与数值模拟结果极限对比可知,边部井日产油量递减快,流管法模型虽然存在一定的误差,但误差均在允许范围内,证明流管法是可靠的(图5.9)。

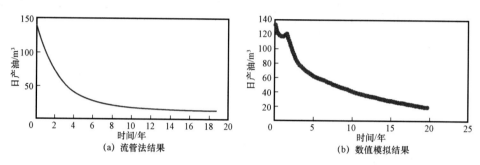

图5.9　边部井日产油量流管法结果与数值模拟结果对比

5.1.3　水驱前缘计算

基于边水驱替数值模拟模型参数,利用 B‑L 方程对每根流管任意时间水驱前缘位置进行计算。

$$\int_{r_w}^{L} A(L)\,\mathrm{d}L = \int_0^t \frac{\Delta q\,f'_w(S_{wf})}{\phi}\mathrm{d}t \tag{5.9}$$

式中　$f'_w(S_{wf})$——前缘含水饱和度下f_w-S_w导数值;

ϕ——油藏孔隙度。

同样分成三段求解,第一段计算方程为:

$$\int_{r_w}^{L} A_1(L)\,\mathrm{d}L = \int_0^t \frac{\mathrm{d}q\,f'_w(S_{wf})}{\phi}\mathrm{d}t \tag{5.10}$$

其中

$$r_w < L < \frac{\mathrm{d}H}{\tan\theta}$$

积分结果:

$$(L^2-r_w^2)\ln\frac{L}{r_w} = \frac{2K\left(\dfrac{K_{ro}}{\mu_o}+\dfrac{K_{rw}}{\mu_w}\right)f'_w(S_{wf})\left[p_e-p_f+\rho_{ow}g\sin\theta(L-r_w)\right]t}{\phi} \tag{5.11}$$

利用隐函数求解方法对式(5.11)求解。

第二段计算方程为:

$$\int_{\frac{dH}{\tan\theta}}^{L} A_2(L)\,dL = \int_{t_1}^{t} \frac{dq\,f'_w(S_{wf})}{\phi}\,dt \tag{5.12}$$

其中

$$\frac{dH}{\tan\theta} < L < L_1 - m$$

令：$L' = L - \dfrac{dH}{\tan\theta}$，$t' = t - t_1$，则式（5.12）转化成式（5.13）。

$$\int_0^{L'} A_2(L)\,dL' = \int_0^{t'} \frac{dq\,f'_w(S_{wf})}{\phi}\,dt' \tag{5.13}$$

其中

$$0 \leqslant L' \leqslant L_1 - m - \frac{dH}{\tan\theta}$$

积分结果：

$$L'^2 = \frac{K\left(\dfrac{K_{ro}}{\mu_o} + \dfrac{K_{rw}}{\mu_w}\right)f'_w(S_{wf})(p_e - p_f + \rho_{ow}g\sin\theta L')t'}{\phi} \tag{5.14}$$

式（5.14）可直接取算术平方根进行求解。

第三段上部计算方程为：

$$\int_{L_1-m}^{L} A_{31}(L)\,dL = \int_{t_1+t_2}^{t} \frac{dq\,f'_w(S_{wf})}{\phi}\,dt \tag{5.15}$$

其中

$$L_1 - m \leqslant L \leqslant L_1 - r_w \quad (r_w' = r_w)$$

令：$L'' = L - L_1 + m$，$t'' = t - t_1 - t_2$，则式（5.15）可转化式（5.16）。

$$\int_0^{L''} A_{31}(L'')\,dL'' = \int_0^{t''} \frac{dq\,f'_w(S_{wf})}{\phi}\,dt'' \tag{5.16}$$

其中

$$0 \leqslant L'' \leqslant m - r_w$$

积分结果：

$$\left(mL'' - \frac{L''^2}{2}\right)\ln\frac{m}{m - L''} = \frac{K\left(\dfrac{K_{ro}}{\mu_o} + \dfrac{K_{rw}}{\mu_w}\right)f'_w(S_{wf})(p_e - p_f + \rho_{ow}g\sin\theta L'')t''}{\phi} \tag{5.17}$$

第三段下部计算方程为：

$$\int_{L_1-m+x}^{L} A_{32}(L)\,dL = \int_{t_1+t_2+t_x}^{t} \frac{dq\,f'_w(S_{wf})}{\phi}\,dt \tag{5.18}$$

其中

$$L_1 + x - m \leqslant L \leqslant L_1 + x + \sqrt{H^2 + (m-x)^2} - m - r_w$$

式中 t_x——最底部流管前缘从距边部井底部 m 处推进到距边部井底部 $m-x$ 需要的时间,s;

令 $L''' = L + m - L_1 - x, t''' = t - (t_1 + t_2 - t_x)_{H=0}$,则式(5.18)可转化成式(5.19)。

$$\int_0^{L'''} A_{32}(L''') \mathrm{d}L''' = \int_0^{t'''} \frac{\mathrm{d}q f'_w(S_{wf})}{\phi} \mathrm{d}t''' \tag{5.19}$$

其中

$$0 \leqslant L''' \leqslant \sqrt{H^2 + (m-x)^2} - r_w$$

积分结果:

$$\left(\sqrt{H^2 + (m-x)^2} L''' - \frac{L'''^2}{2} \right) \ln \frac{\sqrt{H^2 + (m-x)^2}}{\sqrt{H^2 + (m-x)^2} - L'''} =$$
$$\frac{K \left(\dfrac{K_{ro}}{\mu_o} + \dfrac{K_{rw}}{\mu_w} \right) f'_w(S_{wf})(p_e - p_f + \rho_{ow} g \sin\theta L''') t'''}{\phi} \tag{5.20}$$

求解方法同第一段。

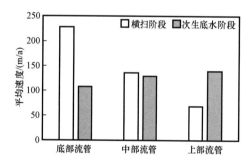

图 5.10 不同位置流管不同阶段水线推进平均速度

通过式(5.11)、式(5.14)、式(5.17)及式(5.20)就可以求解出任意时刻每根流管(共 15 根)水驱前缘位置。

研究表明,边水驱替大致可划分为:边水横扫驱替、次生底水驱替及高部位滞后驱替三个阶段。基于流管模型计算结果,分别统计底部流管、中部流管、上部流管边水横扫阶段末端和次生底水驱替末端水线推进平均速度(图 5.10),从图中可知,边水横扫驱替阶段底部流管推进速度是中部流管推进速度的 2 倍,是上部流管推进速度的 4 倍;次生底水驱替阶段,上部流管驱替速度最大,中部流管驱替速度居中,底部流管驱替速度最小,但差别不大。

再结合流管模型运行 0.5 年不同位置水驱 PA 值综合分析可知,底部边水快速横扫推进形成次生底水,上部流管横向能量不足,形成不均匀横向驱替。为减少流管高部位剩余油,可采取在边水横扫阶段提高流管高部位流管能量,形成均匀的横向驱替减少剩余油(图 5.11)。

底部PA=20,中部PA=6,上部PA=1

图 5.11 水驱 0.5 年不同位置流管水驱前缘及水驱 PA

5.2　边水油藏波及形态表征

5.2.1　内外水脊界限确定

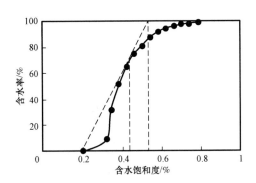

图 5.12　实际模型 f_w – S_w 曲线

由于黏性指进存在,稠油油藏水驱前缘表现为内部存在油水过渡带,即存在内外波及范围,根据实际模型 f_w – S_w 曲线(图 5.12),作曲线的切线确定内水脊的含水饱和度为 0.46,再延长切线交含水率为 100% 的值,确定为外水脊的含水饱和度为 0.54,由此界定内波及和外波及范围。

5.2.2　渗流模型建立

为了更好地分析强边水油藏井间剩余油分布和波及形态,对其渗流机理进行推导分析。

(1)将达西公式转换成带渗流阻力形式的表达式。

$$Q = \frac{KA}{\mu} \cdot \frac{\Delta p}{\Delta L} \tag{5.21}$$

$$Q = \frac{\Delta p}{\dfrac{\mu \Delta L}{KA}} \tag{5.22}$$

(2)通过变量代换进行消元、换元,得到渗流阻力公式。

$$R = \frac{1}{C_1 \tan\theta} \cdot \frac{1}{K\left(\dfrac{K_{ro}}{\mu_o} + \dfrac{K_{rw}}{\mu_w}\right)} \tag{5.23}$$

(3)因为 K、K_{ro}、K_{rw} 是含油饱和度的函数,C_1、$\tan\theta$、μ_o、μ_w 都是定值,所以进行替换得到最终渗流阻力计算公式。

$$R = \frac{1}{C_2} \cdot f(S_o) \tag{5.24}$$

式中　C_2——常数;

　　　$f(S_o)$——含油饱和度的函数。

从式(5.24)中可以看出,随着开发进行,油藏底部是高渗层,含油饱和度低,所以油藏底部渗流阻力小,能量从底部快速平推。

5.2.3 不同阶段水脊形态表征

5.2.3.1 开发初期

开发初期含水率较低,驱替方式表现为典型边水驱替,外水脊沿井筒方向提升,逐渐形成水锥;内水脊仍沿油藏底部继续推进。外水脊横向波及宽度为175m,内水脊横向波及宽度为140m左右(图5.13和图5.14)。

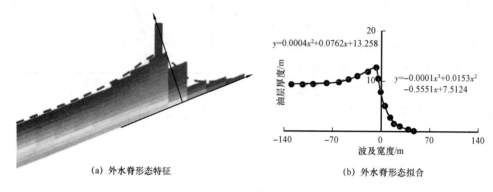

(a) 外水脊形态特征　　　　　　　(b) 外水脊形态拟合

图5.13　开发初期外水脊形态及表征

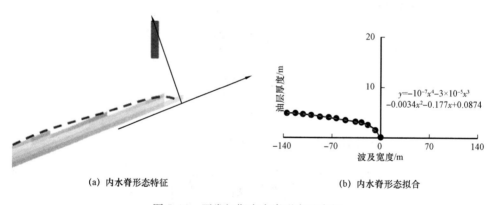

(a) 内水脊形态特征　　　　　　　(b) 内水脊形态拟合

图5.14　开发初期内水脊形态及表征

5.2.3.2 开发中期

随着含水率上升,驱替方式逐渐由边水驱转换成次生底水驱,外水脊和内水脊形成明显水锥,不断向顶部上升和边部拓展,有效驱替了边水与井排间的剩余油,内水脊仍沿着油藏底部继续推进。外水脊横向波及宽度为230m,内水脊横向波及宽度为220m左右(图5.15和图5.16)。

5.2.3.3 开发后期

随着含水率达到高含水阶段,驱替方式由次生边水驱转化为次生底水驱,外水脊与内水脊形态类似,趋于平行且随着时间变化不明显,波及程度趋于稳定。外水脊横向波及宽度与内水脊横向波及宽度均为280m左右(图5.17和图5.18)。

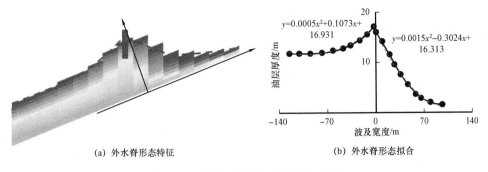

(a) 外水脊形态特征　　　　　　　(b) 外水脊形态拟合

图 5.15　开发中期外水脊形态及表征

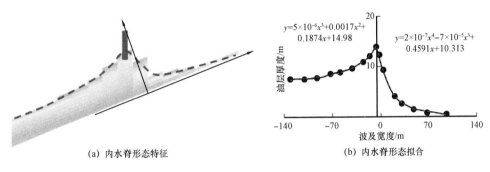

(a) 内水脊形态特征　　　　　　　(b) 内水脊形态拟合

图 5.16　开发中期内水脊形态及表征

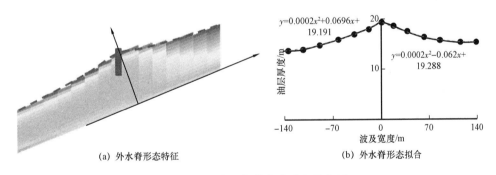

(a) 外水脊形态特征　　　　　　　(b) 外水脊形态拟合

图 5.17　开发后期外水脊形态及表征

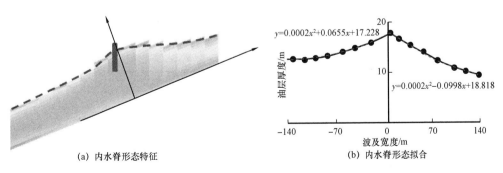

(a) 内水脊形态特征　　　　　　　(b) 内水脊形态拟合

图 5.18　开发后期内水脊形态及表征

5.3 边水油藏波及模式

5.3.1 外水脊模式演变

各区随着含水率的升高,外水脊波及范围在横向和纵向上都有扩大,最终外水脊形态从边部区到内部区是由直线变为曲线,说明内部区的井间剩余油大于外部区的井间剩余油;当含水率保持不变时,边部区波及范围比中部区和内部区更广,井间剩余油更少;开发后期时,中部区至内部区由于能量的不足,横向和纵向上的波及动力减弱,几乎无法采出剩余油(表5.1)。

表 5.1 外水脊形态模式

含水率	外水脊形态	模式
40%		平推型
60%		外部薄层内部下凹型
80%		
95%		内外部薄层型

5.3.2　外水脊模式定量表征

含水率较低时(低于40%),各区波及宽度范围为140～150m,波及的油层厚度不到一半,以平扫为主,抬升为辅。含水率较大时(高于60%),边部区与中部区的波及宽度从170m增至280m,波及的油层厚度最终达到油层的9/10,而内部区则因为能量不足,波及宽度几乎不变,只有部分的波及抬升(表5.2)。

表5.2　外波及形态拟合模式总结

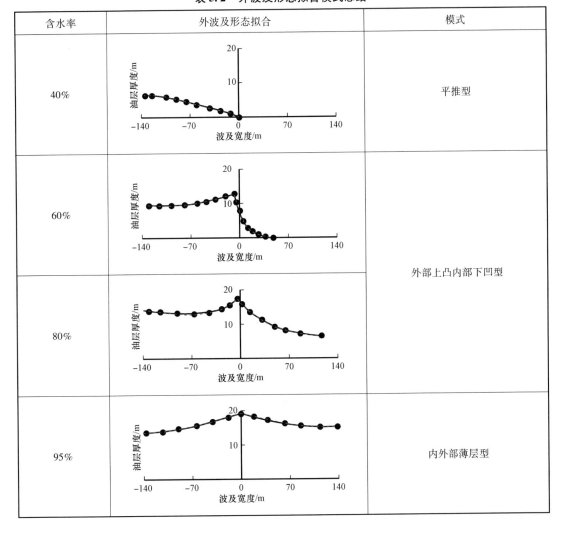

含水率	外波及形态拟合	模式
40%		平推型
60%		外部上凸内部下凹型
80%		
95%		内外部薄层型

5.3.3　内水脊模式演变

随着含水率的升高,在达到60%之前,内水脊主要是沿着油藏底部推进,当到达各区井排后,再逐渐向井筒方向驱替;边部区由于能量充足,含水率上升很快,且内水脊波及范围广;而内部区则因为远离边水,能量不足,含水率上升较慢,波及范围很小(表5.3)。

143

表 5.3　内水脊形态模式

含水率	内水脊形态	模式
40%		平推型
60%		外部上凸内部下凹型
80%		
95%		内外部平行下凹型

5.3.4　内水脊模式定量表征

含水率较低时(低于 40%),各区波及宽度范围为 140~150m,波及的油层厚度不到一半,以平扫为主,抬升为辅。含水率较大时(高于 60%),边部区与中部区的波及宽度从 170m 增至 280m,波及的油层厚度最终达到油层的 9/10,而内部区则因为能量不足,波及宽度几乎不变,只有部分的波及抬升(表 5.4)。

表 5.4　内波及形态拟合模式总结

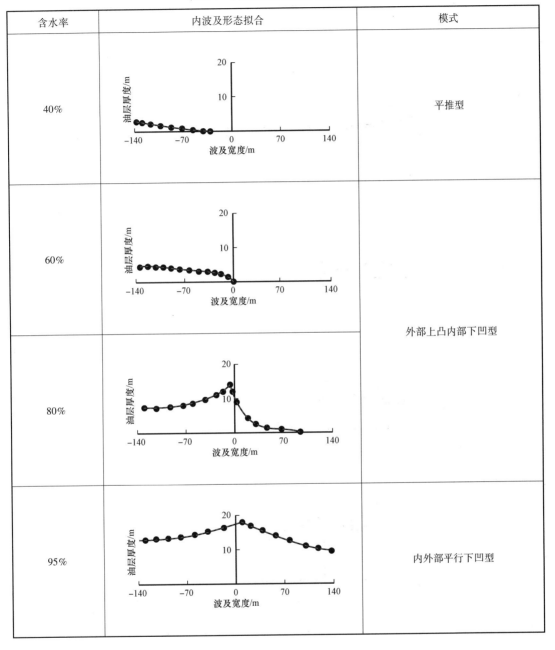

含水率	内波及形态拟合	模式
40%		平推型
60%		外部上凸内部下凹型
80%		
95%		内外部平行下凹型

5.3.5　油水过渡带模式

　　开发初期,由于含水率较低,各区波及并不多,内外水脊波及宽度差(即油水过渡带)不大,在 10m 左右;随着时间的进行,边部区的油水过渡带逐渐增大;到了开发后期含水率到达高含水阶段时,横向上油水波及界面达到一致,只有在纵向上存在小部分厚度的油水过渡带(表 5.5)。

表5.5　油水过渡带模式

含水率	油水过渡带	模式
40%		
60%		逐渐减小
80%		
95%		

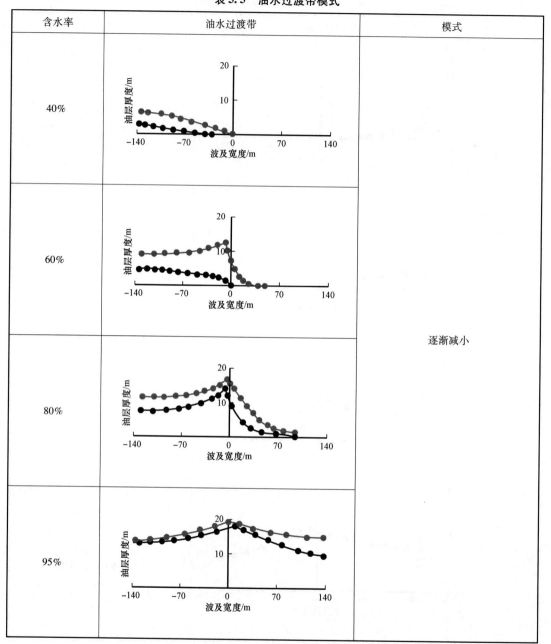

第6章　边底水油藏剩余油时空
分布表征及挖潜技术

探究剩余油分布主控因素、厘清剩余油时空演变规律是制定深度挖潜政策、提高油气采收率的关键核心。本章主要分析了边底水油藏剩余油成因机理,预测了剩余油分布规律,提出了剩余油挖潜技术对策。

6.1　剩余油成因机理

6.1.1　剩余油形成的地质主控因素

剩余油分布的地质控制因素主要有构造、隔夹层、流动单元性质及油藏韵律类型等。

6.1.1.1　构造对剩余油的控制作用

油井所在构造部位的差异导致其距油水界面的高度不同,使得不同的油井含水上升速度不同,进而导致剩余油分布有所不同。此处分别以不同的油藏类型为例,说明构造部位对剩余油的控制作用。

（1）相对均质底水油藏。

2370油藏是相对均质油藏的典型代表,呈东西略长的完整穹隆背斜构造,中间高部位平缓。从剩余油分布可以看出,中部平缓的高部位储量巨大,在开发的各个时期都贡献了巨大的产量,即使到了开发后期仍是剩余油富集区(图6.1)。该区大孔道发育,流体渗流能力十分强。从生产动态看,该区域内7井、15井的储层物性好,单井产量较高,因此累计产油量较高。

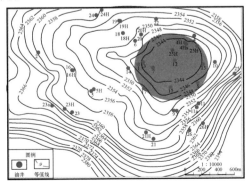 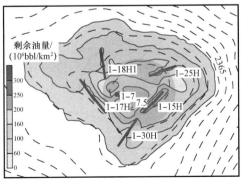

图6.1　2370油藏构造与剩余油的关系

开发过程集中构造高部位布井,造成低部位剩余油分布。如在研究区西部18H1井外围的小鼻状构造,从生产动态看,18H1井储层物性较好,但距油水界面较近,含水上升过快,累计产油量较少。

(2)强非均质底水油藏。

2500油藏是强非均质油藏典型代表,整体呈现为东西向略长的穹隆背斜构造,中间高部位平缓,呈椭圆形。油藏范围内无断层,构造幅度平缓,倾角小于5°。

从剩余油分布图可以看出,大部分剩余油主要集中在上层系。剩余油主要分布于10井、4Ha井、13井、9井、11井围绕的区域,6井、20H井附近区域,5井、19H井西南区域(图6.2)。

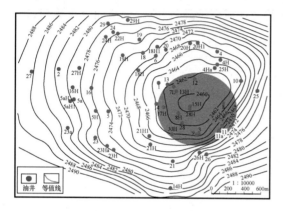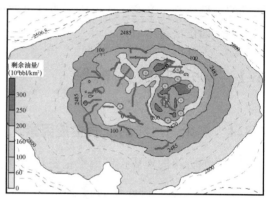

图6.2　2500油藏构造与剩余油的关系

(3)边水油藏。

HZ26-1油田是边水油藏的典型代表,整体呈现为一个北西—南东向低幅度继承性发育的背斜。闭合高度40.0m,闭合面积11.2km²,构造倾角2°30′。构造圈闭内有5个小高点,各层构造主高点基本一致。构造完整,油田范围内未发现断层。

从各个层的剩余油量分布图可以看出,尽管井网主要布在构造高部位,但构造高部位储量巨大,在开发的各个阶段都是剩余油集中富集区(图6.3)。

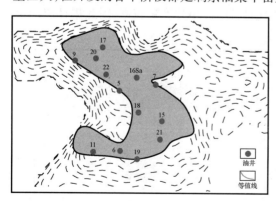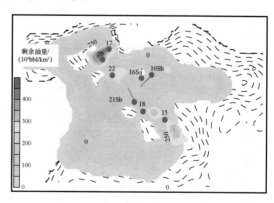

图6.3　HZ26-1油田M10油藏构造与剩余油的关系

6.1.1.2　夹层对剩余油的控制作用

对于底水砂岩油藏,夹层对后期剩余油成因及分布起着主控作用,而不同特征夹层的油水运动规律不同,从而造成剩余油分布存在差别。夹层分布面积越大,夹层之上完钻的水平井无水期采油期越长,夹层的分布对底水的入侵起到一定的抑制作用。但是夹层面积越大,剩余油量越多,最终采收率越低(图6.4)。

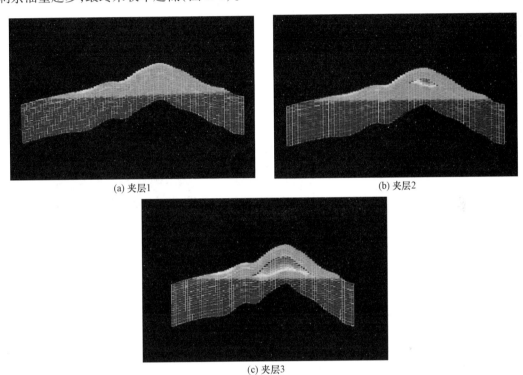

(a) 夹层1　　　　　　　　　　　　　(b) 夹层2

(c) 夹层3

图6.4　不同夹层面积影响下的剩余油分布

依据第一章建立的夹层识别方法,开展2500油藏夹层识别,归纳总结出夹层四种分布模式(表6.1)。

表6.1　不同模式夹层剩余油分布规律

模式	模式一	模式二	模式三	模式四
特征	无夹层	渗滤型夹层	小范围不渗透夹层	大范围不渗透夹层
典型井	5、5Ha、23Ha	11a、12	6、8、9	4、4Ha、23H
分布层位	SL21	SL1、SL2、SL5、SL8、SL9、SL11、SL17、SL20、SL22、SL26	SL3、SL7、SL10、SL13、SL14、SL16、SL19、SL23、SL24	SL4、SL6、SL12、SL15、SL18、SL25
剩余油分布特征	水锥周围区	零星状剩余油	"屋檐"油、"屋顶"油	"屋檐"油

（1）模式一：也称无夹层模式，该模式油井初期产量较大，但底水锥进很快，油井较早水淹，油井总体表现为高产短效特征。5 井、5Ha 井及 23Ha 井是其典型代表，该模式夹层纵向主要分布在 SL21 小层。该模式只有油井控制的小范围油被采出，而距油井稍远范围，由于没有建立有效驱替系统，从而导致大部分油未动用，从而形成剩余油富集区，后期应是重点挖潜对象。

（2）模式二：也称渗滤型夹层模式，该模式夹层一般仅零星分布于 1~2 个井区，夹层渗透率一般小于 $10 \times 10^{-3} \mu m^2$，厚度 1~2m，泥质含量为 10%~25%。一方面部分底水仍可缓慢通过渗滤型夹层驱替夹层上下附近的油；另一方面由于部分底水发生绕流，形成边水驱，可以驱替夹层周围附近的油。所以，这种夹层模式的驱替效果比较好，只可能在夹层发育区由于夹层性质差异，形成零星状剩余油分布，后期挖潜意义较小（图 6.5）。

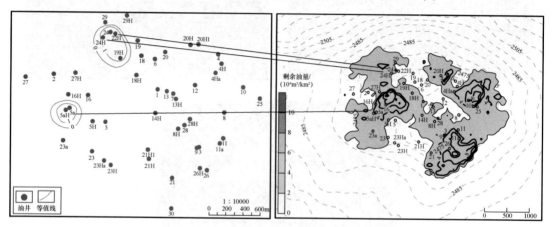

图 6.5　2500 油藏 SL5 夹层与 SL6 剩余油分布关系

（3）模式三：也称小范围不渗透夹层模式，该模式夹层一般分布于 3~6 个井区，夹层渗透率一般小于 $10 \times 10^{-3} \mu m^2$，厚度大于 2m，泥质含量为 25%~40%，6 井、8 井、9 井是其典型代表。由于底水不能穿过夹层，只能发生绕流。绕流的底水无法驱替夹层下伏邻层的油，使得夹层下伏邻层出现剩余油——"屋檐"油分布，"屋檐"油的油量与夹层形成的"屋檐"闭合面积和闭合高度有关。一般而言，"屋檐"闭合面积越大、"屋檐"闭合高度越大，"屋檐"油油量越大。"屋檐"油作为油田开发中后期的挖潜对象之一，其存在环境和其他类型剩余油差别甚大，其周围都为边底水包围，如果挖潜"屋檐"油措施不当，极易造成周围边底水突破形成水锥（图 6.6）。

此外，由于绕流底水无法高效驱替夹层上覆邻层的油，使得夹层上覆邻层也可出现剩余油—"屋顶"油分布。"屋顶"油与"屋檐"油特征和性质存在极大差别，"屋檐"油由于受到"屋檐"保护，能较长时间存在，一般不易破坏，必须进行人工措施，才能被动用。而"屋顶油"由于缺少"保护"，只要有足够的边底水冲洗时间，就会被破坏而消失。

（4）模式四：也称大范围不渗透夹层模式，该模式夹层分布范围一般多于 6 个井区，夹层渗透率一般小于 $10 \times 10^{-3} \mu m^2$，厚度大于 2m，泥质含量大于 40%。4 井、4Ha 井及 23H 井是其典型代表。由于该模式夹层质量好，完全阻挡底水锥进；同时夹层分布范围又比较大，底水绕流困难。因而该模式夹层下伏邻层的原油基本未动用,形成大量剩余油富集区,应是油田后期挖潜的主要对象。例如在 SL18 层发育大范围不渗透夹层区域,其下部均不同程度分布大量剩余油,是油田开发后期重点挖潜的层位和区域。针对这样的剩余油,应加大挖潜力度(图 6.7)。

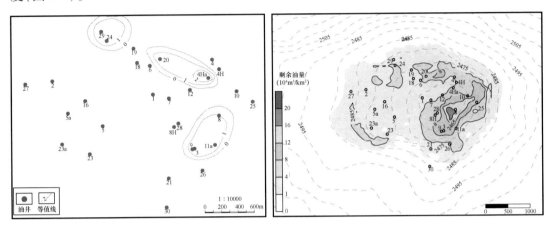

图 6.6　2500 油藏 SL10 夹层与 SL11 剩余油分布关系

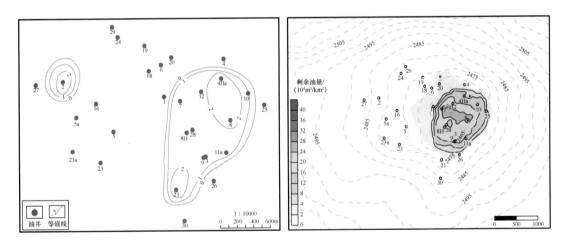

图 6.7　2500 油藏 SL18 夹层与 SL19 剩余油分布关系

另一方面,由于模式四油井缺少底水驱替能量,属衰竭式开发,产量相对较少,开发效果较差,因此油井生产较短时间就被迫关井。所以造成紧邻夹层的上覆层的大量储量未被有效动用,形成剩余油富集区,称为"屋顶"油,应作为开发后期的重点挖潜对象。例如 SL4 层发育有模式四夹层,其上覆 SL3 层对应的区域则形成大量剩余油富集。

HZ26-1 油田 M10、M12 油藏均发育有模式四的夹层,但其夹层下部油层仍有射孔投产,其对底水向上推进的延缓作用不明显(图 6.8)。

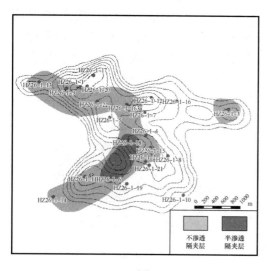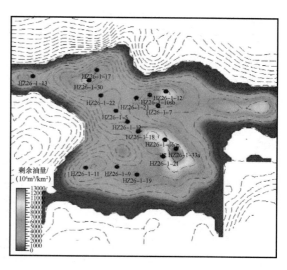

图 6.8　HZ26−1 油田 M10 油藏夹层与剩余油分布关系

6.1.1.3　储层流动单元对剩余油的控制作用

流动单元较好地反映了储层流体的渗流特征,流动单元的引入,使得剩余油分布的定位更加精确。同一流动单元流体具有相似渗流特征,不同流动单元流体渗流特征差异较大。因此,在两类流动单元过渡区,流体渗流特征必将发生较大改变,导致流体滞留,从而形成剩余油。流动单元与剩余油的对应关系如下。

(1)优质流动单元(FU1)与剩余油分布关系。

优质流动单元区属中孔中高渗区带,流体在该区渗流能力最强。从生产动态看,区域内大部分井由于储层物性好,单井产量较高,因此累积产油量高,但受到平面及纵向非均质性的影响,井网不完善区和隔夹层底部仍存在局部剩余油富集。

(2)良级流动单元(FU2)区域与剩余油分布关系。

良级流动单元区域的储集性能较好,原始含油饱和度较高,剩余油量可观,是目前油田生产的主要区域,也是剩余油富集的主力区。

(3)中级流动单元(FU3)区域与剩余油分布关系。

中级流动单元区域的储层物性相对较差,动用程度较低,平面上仍存在剩余油相对集中的区域,是油田进一步挖潜的主要对象。位于该区域的生产井具有一定接替动用的价值,是目前油田稳产的潜力所在。

(4)差级流动单元(FU4)区域与剩余油分布关系。

差级流动单元区域的储层孔渗相对较低,其含油饱和度为原始含油饱和度,但其储层物性和原始含油性都很差,目前剩余油饱和度也不高,因而不是剩余油分布的主要区域,后期开发潜力有限。

由 2500 油藏 SL5 层流动单元和剩余油分布图(图 6.9)对比可知:29 井、24 井及 27 井位于 FU4 流动单元区域,开发后期剩余油富集;23 井西北侧位于 FU3 类流动单元区域,开发后期剩余油富集;23 井东侧位于 FU2 类、FU3 类流动单元过渡区,开发后期剩余油富集;4 井、12 井及其西南侧、8 井东侧和 10 井北侧位于 $FU2$ 类流动单元区域,开发后期剩余油富集。

由 2500 油藏 SL8 层流动单元和剩余油分布(图 6.10)对比可知:27H 井西北侧稍远区域为 $FU1$ 类、$FU2$ 类流动单元过渡区,开发中后期剩余油富集;4、10、8、9、26 井一线西侧为 $FU2$ 类流动单元,性质较 $FU1$ 类流动单元差,开发后期剩余油相对富集。

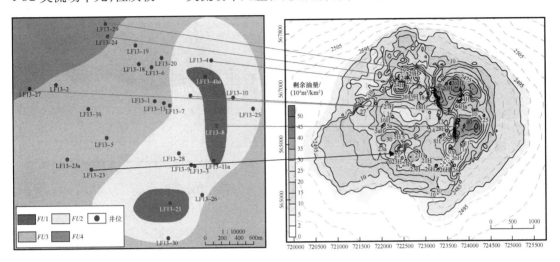

图 6.9　2500 油藏流动单元与剩余油分布关系

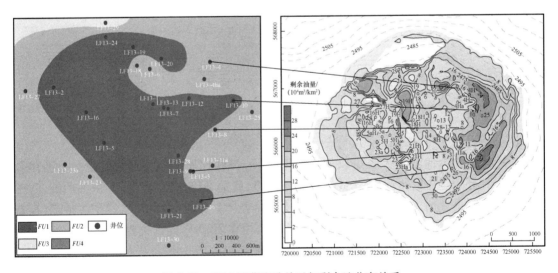

图 6.10　2500 油藏流动单元与剩余油分布关系

HZ26-1 油田 L30 油藏 9 井东侧是 $FU2$、$FU3$ 过渡区,5 井是 $FU3$、$FU4$ 过渡区,且 5 井、9 井连线是物性较差的 $FU3$、$FU4$,开发后期剩余油富集;7 井附近是 $FU1$、$FU2$、$FU3$ 相对集中的过渡区,开发后期剩余油富集;6 井东侧,15 井、21 井西侧为 $FU2$ 流动单元,性质较 $FU1$ 差,开发后期剩余油相对富集(图 6.11)。

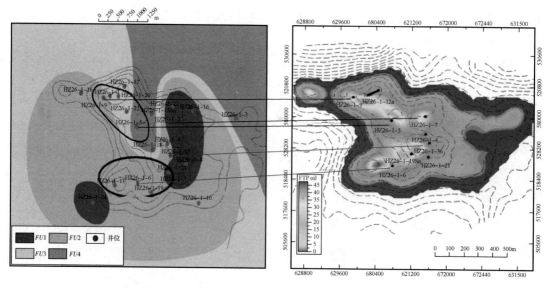

图 6.11 HZ26-1 油田流动单元与剩余油分布关系

6.1.1.4 韵律对剩余油的控制作用

韵律是指在岩体或岩层内部,组成成分、粒级结构及颜色等在垂向上有规律变化的现象,本书此处主要关注油藏在垂向上渗透率变化所构成的渗透率韵律性。根据各井的测井曲线识别曲线形态,研究区主要发育正韵律、反韵律、均质韵律、正正复合韵律、反正复合韵律、反反复合韵律及正反复合韵律,其特征如图 6.12 所示。

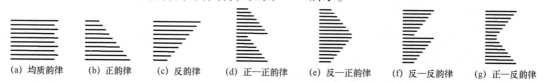

(a) 均质韵律 (b) 正韵律 (c) 反韵律 (d) 正—正韵律 (e) 反—正韵律 (f) 反—反韵律 (g) 正—反韵律

图 6.12 层内渗透率韵律特征模式图

底水油藏剩余油分布大致可以划分为两类:一类即均质韵律、正韵律、反—正韵律及正—正韵律整体呈正韵律特征,水线锥进现象明显,底部突破,两翼滞后,剩余油两翼多,中部少。另一类即反韵律、反—反韵律及正—反韵律整体呈反韵律特征,水线平缓推进,横扫全区,剩余油分布均匀。底水油藏的剩余油主要集中在顶部,因此其主要挖潜方法是顶部侧钻,且水平井可以有效开采直井控制不到区域的剩余油(图 6.13)。

边水油藏剩余油分布规律特征各异(图 6.14)。均质韵律水线均匀推进,下部层系稍快,剩余油均匀集中分布。正韵律水线底部突破,上部严重滞后,剩余油上部层系集中分布。反韵律水线顶部突破,整体推进均匀,剩余油均匀集中分布。正—反韵律水线顶底突破,中部层系滞后,剩余油两端少,中部高。反—正韵律水线中部突破,顶底层系滞后,剩余油两端高,中部少。正—正韵律水线双底突破,双顶层系滞后,剩余油双顶高,双底少。反—反韵律水线双顶突破,双底层系滞后,剩余油双底高,双顶少。边水油藏的韵律性对剩余油的分布规律起主控作用,剩余油主要集中在低渗带。

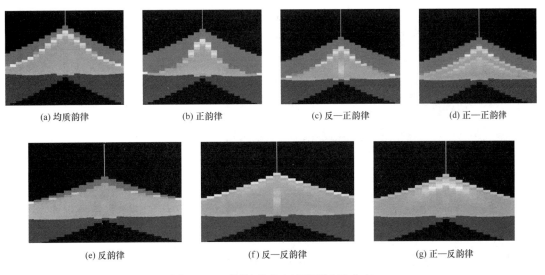

| (a) 均质韵律 | (b) 正韵律 | (c) 反—正韵律 | (d) 正—正韵律 |

| (e) 反韵律 | (f) 反—反韵律 | (g) 正—反韵律 |

图 6.13　不同韵律底水油藏剩余油分布

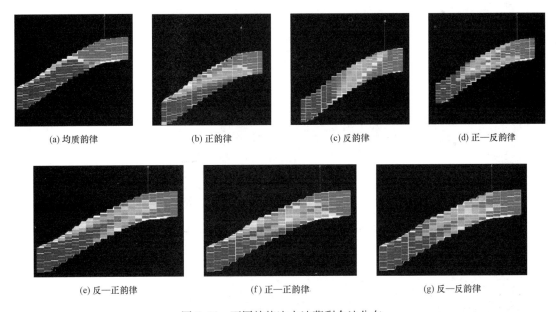

| (a) 均质韵律 | (b) 正韵律 | (c) 反韵律 | (d) 正—反韵律 |

| (e) 反—正韵律 | (f) 正—正韵律 | (g) 反—反韵律 |

图 6.14　不同韵律边水油藏剩余油分布

　　由图 6.15 可知,HZ26 − 1 油田 L30 边水油藏 11 井所处地层为正—反复合韵律,剩余油主要集中在中部低渗区。

　　由图 6.16 可知,HZ26 − 1 油田 L30 边水油藏 4 井所处地层为正韵律 + 均质韵律,即整体呈正韵律,剩余油主要集中在顶部低渗区。

　　由图 6.17 可知,HZ26 − 1 油田 L40 底水油藏 5 井所处地层为反韵律,水线向上均匀推进,水驱效果好,剩余油分布均匀。

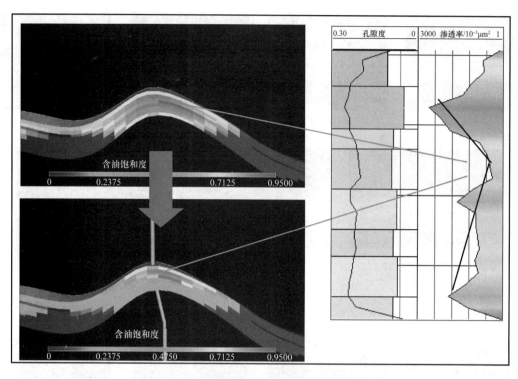

图 6.15　HZ26 - 1 油田韵律与剩余油分布关系

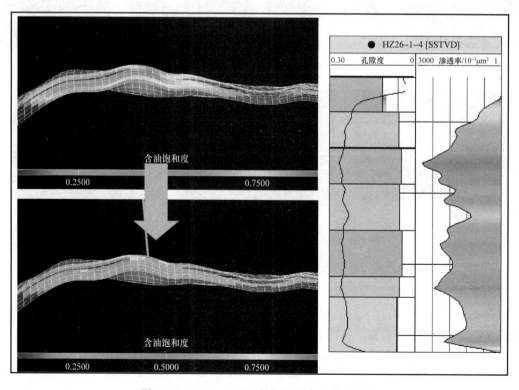

图 6.16　HZ26 - 1 油田韵律与剩余油分布关系

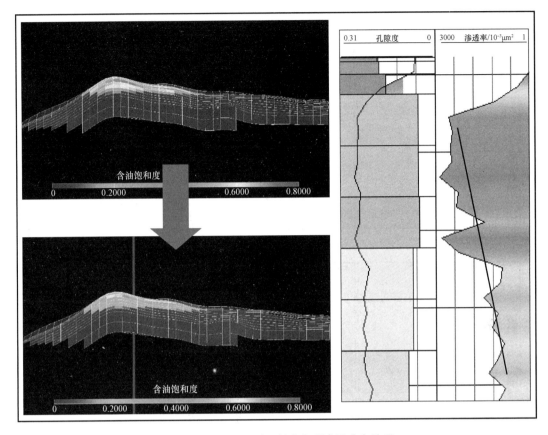

图 6.17　HZ26－1 油田韵律与剩余油分布关系

6.1.2　剩余油形成的工程主控因素

6.1.2.1　井网及布井方式对剩余油分布控制作用

HZ26－1 油田 L30 油藏的布井原则是内外兼顾，逐步控制多个构造高点，从而形成了水线包络区，有效地调动了边水水线逐步缓慢推进，促使剩余油集中在水线包络区内，且主要在构造高部位，后期侧钻挖潜也主要在构造高部位进行（图 6.18）。

HZ26－1 油田 M10 油藏的布井原则是顶部集中布井，有效控制了多个高点，高效开采高部位，但井网不完善，控制区域较小，底水向上锥进，能量足，油藏在高部位丰度大，剩余油仍集中于构造的高部位，后期侧钻挖潜也主要在构造高部位进行。整个开发阶段，井网在构造高部位的完善性对剩余油影响很大（图 6.19）。

6.1.2.2　井型对剩余油分布的控制作用

2370 油藏是一个强底水、均质型油藏，采用 1 口直井＋5 口水平井布井原则，有效地延缓了底水的上升，高效开采顶部剩余油。该油藏纵向上无隔夹层分布，水平井有效地防止了水锥现象，且达到了少井高产的效果，剩余油动用面积大，水平井附近剩余油较少，直井附近剩余油较多。总体来说，水平井有效地增加了动用面积，井区周围剩余油较少（图 6.20）。

157

　　2500 油藏一个强底水、均质型油藏,采用的是前期直井开采高部位,后期水平井挖潜扩边。惠州油田群的开发在井型的选择上都是前期井网实施都是直井,后期水平井挖潜主力油藏。可以看出,直井单井控制面积较小,动用范围小,剩余油在单井周围仍有剩余油,后期水平井挖潜效果显著,所以前期井网决定了剩余油的主要富集带(图 6.21)。

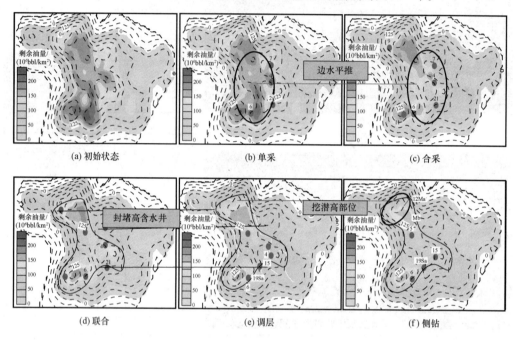

图 6.18　HZ26 - 1 油田 L30 油藏五阶段剩余油分布

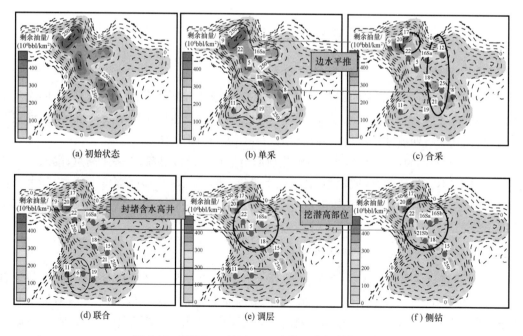

图 6.19　HZ26 - 1 油田 M10 油藏五阶段剩余油分布

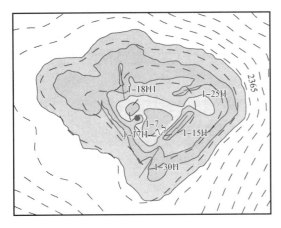

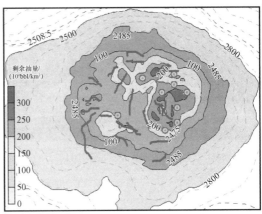

图 6.20　2370 油藏剩余油分布　　　　图 6.21　2500 油藏剩余油分布

6.1.2.3　驱替特征对剩余油分布的控制作用

2370 油藏在开发过程中投产选择的避射高度相差较大,而造成了底水驱替特征的差异。

（1）前期底水锥（脊）进。

7 井的驱替特征为底水锥进,15H 井的驱替特征为底水脊进（图 6.22）。由图分析可知,平面上 7 井和 15H 井只在附近动用了一定区域,构造线 2350m 以外的区域含油量基本不变,2345m 附近动用较多,整体上 15H 井比 7 井动用范围要大;在纵向上两口井的动用更大,从叠合图上可知含油丰度下降了 3~4 个等级。

第二批次井油柱高度大,位于中部构造高点,从底部传递的底水能量要比边部底水传递强,起主导作用。

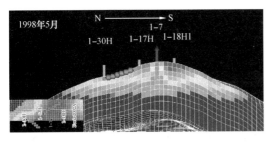

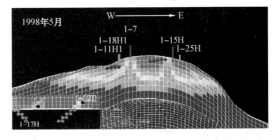

（a）底水锥进（7井）　　　　　　（b）底水脊进（15H井）

图 6.22　LF13-1 油田 2370 油藏第二批次投产后纵向剩余油饱和度

（2）后期底水锥（脊）进。

第三批次（17H 井）到第五批次（25H 井）的驱替特征和边部底水平扫（图 6.23 和图 6.24）。平面上 17H 井和 25H 分别动用了西部和东北部很大的区域,西部和东北部构造线 2350m 以外的区域含油量变化巨大;在纵向上 17H 井和 25H 的动用也十分可观,从叠合图上可知含油丰度下降了 3 个等级。

这批次井油柱高度较小,且位于边部油水界面附近,从底部传递的底水能量很快便到达井筒,完全主导整个驱替过程。

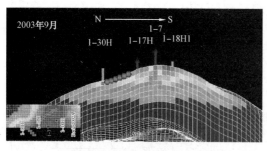

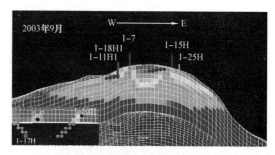

(a) 底水脊进和边部底水平扫（17H井）　　　　　　(b) 底水脊进和边部底水平扫（25H井）

图 6.23　2370 油藏第三批次投产后纵向剩余油饱和度

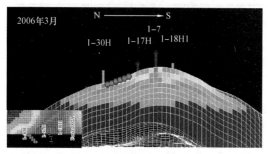

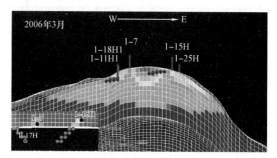

(a) 底水脊进和边部底水平扫（17H井）　　　　　　(b) 底水脊进和边部底水平扫（25H井）

图 6.24　2370 油藏第五批次投产后纵向剩余油饱和度

第七批次井（30H 井和 18H1 井）的驱替特征归结为底水脊进（图 6.25）。平面上 30H 井和 18H1 井分别动用了西北部和南部的区域；在纵向上 30H 井和 18H1 井的动用比较可观，从叠合图上可知含油丰度下降了 1 个等级。

这两批次井油柱高度变化大，井也多布于翼部的局部高点。从底部传递的底水能量与边部底水传递的相差不多，两者共同作用。

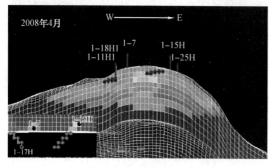

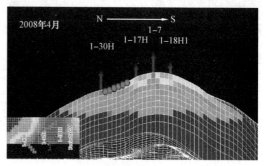

(a) 底水脊进（30H井）　　　　　　　　　　(b) 底水脊进（18H1井）

图 6.25　2370 油藏第七批次投产后纵向剩余油饱和度

6.1.2.4　开发政策对剩余油分布控制作用

2370 油藏的开发策略可以归结为"高顶控油，水平助采"。"高"指的是在产层的高部位完井;"顶"指在构造的顶部集中布井;"水平助采"在井型上全部选择水平井。该策略针对主力油层较弱的层间非均质性和平面非均质性以及底水油藏底水能量充足的特征而制定,能够有效动用高部位剩余油。

2500 油藏的开发政策主要是分八批次布井,前三批主要是井网实施阶段,主要在构造高部位集中布井,初期井网对剩余油的影响很大,四到五批布井主要是扩边增储,有效地开采了边部剩余油,五到八批布井主要是挖潜夹层邻近层或低渗带,后期扩边侧钻挖潜只能起到调整作用。前期主要开采构造高部位剩余油,有效实施 ODP 方案,后期调整井网充分利用水体、夹层的作用挖潜剩余油。

HZ26 - 1 油田的开发政策是主要开采主力油藏,兼顾非主力层的开发,而非主力油藏是开采主力油藏的过路井,补孔非主力油藏构造高点。由于主要是针对主力油藏布井,后期只是用过路井调整各油藏,层间矛盾现象严重,开采不完善。对于主力油藏,剩余油受初期井网控制,非主力油藏井网不完善,剩余油主要分布在构造高部位。

6.1.3 不同开发阶段剩余油主控因素分析

剩余油影响因素的分析要素复杂多样、难以量化,本节结合数理分析中的因子分析、聚类分析和判别分析,形成一个综合分析判断的方法,对剩余油分布影响因素中的构造、井网、井型、驱替特征、韵律、流动单元、开发政策和夹层等展开分析,从数学角度得出不同类型油藏不同阶段的剩余油控制因素排序,为珠江口盆地砂岩油藏剩余油分布规律研究起到了指引作用。

6.1.3.1 因子分析方法

因子分析是用少数几个因子来描述许多指标或因素之间的联系,即用较少几个因子反映原始数据的大部分信息的统计方法。被描述的变量是可以观测的随机变量,即显在变量。而这些因子有一部分是不可观测的潜在变量。在分析研究中,许多基本特征实际上是不可能直接观测的,即潜在变量。对显在变量的测量可以看成是一些不可观测的基本特征的潜在变量的具体表现。因子分析正是利用这些潜在变量或表示基本特征的本质因子去解释可观测的变量的一种工具,通过寻找众多变量的公共因素来简化变量中存在的复杂关系,将多个变量综合为少数几个潜在变量以再现变量与潜在变量之间的相关关系。

(1)因子分析数学模型。

设 $X' = (X_1, X_2, \cdots, X_p)$ 是 $p \times 1$ 的随机向量。X 的协方差矩阵为:

$$\text{Cov}(X) = \Sigma \tag{6.1}$$

$F' = (F_1, F_2, \cdots, F_p)$ 是 $m \times 1$ 的标准化的正交公共因子向量($m < p$),假定

$$E(F) = 0, \text{Cov}(F) = 1 \tag{6.2}$$

$\varepsilon' = (\varepsilon_1, \varepsilon_2, \cdots, \varepsilon_p)$ 是 $p \times 1$ 的特殊因子向量(或误差向量),并假定其均值为 0,协方差矩阵为对角矩阵(说明各个 ε 之间互不相关),即

$$E(\boldsymbol{\varepsilon}) = 0 \tag{6.3}$$

$$\mathrm{Cov}(\boldsymbol{\varepsilon}) = \boldsymbol{\phi} = \mathrm{diag}(\boldsymbol{\phi}_1, \boldsymbol{\phi}_2, \cdots, \boldsymbol{\phi}_p) = \begin{pmatrix} \boldsymbol{\phi}_1 & & & \\ & \boldsymbol{\phi}_2 & & \\ & & \ddots & \\ & & & \boldsymbol{\phi}_p \end{pmatrix} \tag{6.4}$$

并假设公共因子 $\boldsymbol{F}_1, \boldsymbol{F}_2, \cdots, \boldsymbol{F}_p$ 与各个特殊因子 $\boldsymbol{\varepsilon}_1, \boldsymbol{\varepsilon}_2, \cdots, \boldsymbol{\varepsilon}_p$ 都互不相关(或 $\boldsymbol{F}$ 与 $\boldsymbol{\varepsilon}$ 相互独立),即

$$\mathrm{Cov}(\boldsymbol{F}, \boldsymbol{\varepsilon}) = 0 \tag{6.5}$$

基于以上假定,正交因子模型可以写为:

$$\boldsymbol{X} = \boldsymbol{AF} + \boldsymbol{\varepsilon} \tag{6.6}$$

其中矩阵 $\boldsymbol{A} = (a_{ij})(p \times m$ 阶$)$ 称为因子负荷矩阵,a_{ij} 表示第 i 个变量 $\boldsymbol{X}_i$ 在第 j 个因子 $\boldsymbol{F}_j$ 上的负荷。

因子分析模型(6.5)可以具体地写成:

$$\begin{aligned}
\boldsymbol{X}_1 &= a_{11}\boldsymbol{F}_1 + a_{12}\boldsymbol{F}_2 + \cdots + a_{1m}\boldsymbol{F}_m + \boldsymbol{\varepsilon}_1 \\
\boldsymbol{X}_2 &= a_{21}\boldsymbol{F}_1 + a_{22}\boldsymbol{F}_2 + \cdots + a_{2m}\boldsymbol{F}_m + \boldsymbol{\varepsilon}_2 \\
&\qquad\qquad\qquad \vdots \\
\boldsymbol{X}_2 &= a_{p1}\boldsymbol{F}_1 + a_{p2}\boldsymbol{F}_2 + \cdots + a_{pm}\boldsymbol{F}_m + \boldsymbol{\varepsilon}_2
\end{aligned} \tag{6.7}$$

该模型中,第 i 个特殊因子 $\boldsymbol{\varepsilon}_i$ 仅与第 i 个变量 $\boldsymbol{X}_i$ 有关系。而第 i 个公共因子 $\boldsymbol{F}_i$ 则与所有 p 个变量都有关系。

(2)因子分析基本步骤。

因子分析是从众多的原始变量中综合出少数几个具有代表性的因子,这必定有一个前提条件,即原有变量之间具有较强的相关性。如果原有变量之间不存在较强的相关关系,则无法找出其中的公共因子。因此,在因子分析时需要对原有变量做相关分析。

① 计算相关系数矩阵。

计算原有变量的简单相关系数矩阵。观察相关系数矩阵,如果相关系数矩阵中的大部分相关系数值小于 0.3,则各个变量之间大多为弱相关,这就不适合做因子分析。如果一个变量与其他变量间相关度很低,则在下一分析步骤中可考虑剔除此变量。

② 进行统计检验。

在因子分析过程中提供了几种检验方法来判断变量是否适合做因子分析。主要统计方法有巴特利球形检验和 KMO(Kaiser – Meyer – Olkin)检验两种。

如果变量适合做因子分析则可以进行因子的提取。提取因子的方法很多,主要有主成分分析法、主轴因子法、极大似然法、最小二乘法、Alpha 因子提取法及映象因子提取法等。最常用的是主成分分析法。

在提取初始因子后,通常对因子无法作有效的解释。为了更好地解释因子,必须对负荷矩阵进行旋转,旋转的目的在于改变每个变量在各因子的负荷量的大小。旋转方法有两种:一种为正交旋转,如方差极大正交旋转法、四次方极大正交旋转法及等量方差极大正交旋转法等;另一种为斜交旋转,如斜交旋转法和迫近最大方差斜交旋转法等。旋转后可决定因子个数,并对其进行命名,确定因子变量。

因子变量确定后,便可计算各因子在每个样本上的具体数值,这些数值就是因子的得分,形成的新变量称为因子变量,它和原变量的得分相对应。有了因子得分,在以后的分析中就可以用因子变量代替原有变量进行数据建模,或利用因子变量对样本进行分类或评价等研究,进而实现降维和简化的目标。

6.1.3.2 聚类分析方法

聚类分析是一种数值分类方法,基本思想是根据对象间的相关程度进行类别聚合的多元统计分析方法。聚类分析之前,这些类别是隐蔽的,能分为多少种类别事先并不确定。聚类分析是运用一定的方法将相似程度较大的数据或单位划为一类,划类时关系密切的聚合为一小类,关系疏远的聚合为一大类,直到把所有的数据或单位聚合为唯一的类别。聚类分析的原则是同一类中的个体有较大的相似性,不同类中的个体差异很大。

样品聚类又称为 Q 型聚类,就是对样本单位的观测量进行聚类,是根据被观测对象的各种特征,即反映被观测对象特征的各变量值进行分类。不同的分析目的选用不同的变量作为分类的依据。变量聚类又称为 R 型聚类。反映同一事物特点的变量有很多,我们往往根据所研究的问题选择部分变量对事物的某一方面进行研究。通过变量聚类可以找出彼此独立且有代表性的自变量,而又不丢失大部分信息。

(1)聚类分析基本原理。

聚类分析是一种逐次合并类的方法,在规定了样品之间的距离和类与类之间的距离后,先让 n 个样品各自成为一类;开始时,每个样品自成一类,类与类之间的距离与样品之间的距离是相等的;之后将距离最近的两个类合并;如此重复,每次循环减少一个类别,直到达到要求的水平数时停下来,此时得到的聚类就是分析的结果。

距离的计算方法多种多样,但常用方法主要有三种,即欧氏距离、明考斯基距离、绝对值距离及切比雪夫距离等(表 6.2)。欧氏距离是聚类分析中用得最广泛的距离。根据变换数据矩阵计算第 i 行和第 k 行的欧氏距离,则有欧氏距离 d_{ik} 为:

$$d_{ik} = \sqrt{\sum_{j=1}^{p} (X_{ij} - X_{kj})^2} \tag{6.8}$$

将所有行之间的欧氏距离都算出,同样可以得到一个 $n \times n$ 的欧氏距离矩阵。

$$\boldsymbol{D} = \begin{bmatrix} d_{11} & d_{12} & \cdots & d_{1n} \\ d_{21} & d_{22} & \cdots & d_{2n} \\ \vdots & \vdots & \vdots & \vdots \\ d_{n1} & d_{n2} & \cdots & d_{nn} \end{bmatrix} \tag{6.9}$$

由欧氏距离的计算可知,距离是把每个单位看成是 p 维(p 是变量的个数)空间的一个点,在 p 维坐标系中计算的点与点之间的某种距离。

表 6.2 各种距离计算公式

欧氏距离 (Euclidean distance)	第 i 个样品与第 k 个样品之间的欧氏距离为 $$d_{ik} = \sqrt{\sum_{j=1}^{p} (X_{ij} - X_{kj})^2}$$
欧氏距离平方 (Squared Euclidean distance)	两样品之间的距离是每个变量值之差的平方和 之后再平方根是欧氏距离的平方
切比雪夫距离 (Chebychev)	$d_{ik} = \max_{1 \leq j \leq p} \{ \| X_{ij} - X_{kj} \| \}$,即任意一个变量值之差的最大绝对值
明考斯基距离 (Minkowski)	$d_{ik} = \left(\sum_{j=1}^{p} \| X_{ij} - X_{kj} \|^q \right)^{1/q}$,是欧氏距离的扩展,每个变量值 之差的 q 次方值的绝对值之和的 q 次方根
块距离(绝对值距离) (Block)	$d_{ik} = \sum_{j=1}^{p} \| X_{ij} - X_{kj} \|$,即每个变量值之差的绝对值总和
自定义距离 (Customized)	$d_{ik} = \left[\sum_{j=1}^{p} \| X_{ij} - X_{kj} \|^{q_1} \right]^{1/q_2}$ 在 SPSS 中由用户指定指数 q_1 和开方次数 q_2(q_1、q_2 可取 1 至 4 之间的不同值)的距离

(2)聚类分析基本步骤。

① 数据变换处理。在聚类分析过程中,需要对各个原始数据进行相互比较运算,而各个原始数据往往由于计量单位不同而影响这种比较和运算。因此,需要对原始数据进行必要的变换处理,以消除不同计量单位对数据值大小的影响。

② 计算聚类统计量。聚类统计量是根据变换以后的数据计算得到的一个新数据,用于表明各样品或变量间的关系密切程度。

③ 选择聚类方法。根据聚类统计量,运用一定的聚类方法,将关系密切的样品或变量聚为一类,将关系不密切的样品或变量加以区分。选择聚类方法是聚类分析最终的、也是最重要的一步。

6.1.3.3　判别分析方法

判别分析的主要方法和原理同聚类分析类似。已知研究对象的分类情况,需将某些未知个体正确地归属于其中某一类的过程即为判别分析。判别分析是根据表明事物特点的变量值和它们所属的类,求出判别函数,再根据判别函数对未知所属类别的事物进行分类。

(1)判别分析基本原理。

判别分析过程基于对预测变量的线性组合,这些预测变量应该能够充分地体现各个类别之间的差异。判别分析从已经确定了观测所属类别的样本中拟合判别函数,再把判别函数应用于由相同观测变量所记录的新数据集,以判断新样本的类别归属。

设在 P 维空间中,有 k 个关于已知类别的总体 $G_1,G_2,\cdots G_k$,单个的观测样本记为 $x_i=(x_{i1},x_{i2},\cdots,x_{ip})$, $i=1,2,\cdots,n$,它属且仅属 k 个总体中的一个,这 p 个预测变量也叫作判别指标。判别分析所要解决的问题,就是确定这些观测样本应该属于哪个总体 G。主要的判别方法有 Bayes 判别和 Fisher 判别。

① Bayes 判别。

Bayes 判别是一种概率型的判别分析,分析过程开始时,它需要知道观测属于各个类别的先验概率,或者关于各个类别的分布密度。分析过程结束时,计算每个观测归属于某个类别的最大概率或最小错判损失,并以此分类。例如某个观测的判别得分为 D,则它属于第 i 个类别的概率为

$$P(G_i|D) = P(D|G_i)P(G_i) \Big/ \sum P(D|G_i)P(G_i) \tag{6.10}$$

其中, $P(G_i)$ 为属于第 i 类的先验概率, $P(D|G_i)$ 为在第 i 类中得 D 分的条件概率,而 $P(G_i|D)$ 为在第 i 类中得 D 分的后验概率;最后,把观测归入概率 $P(G_i|D)$ 最大的类别中。

② Fisher 判别。

Fisher 判别是一种依据方差分析原理建立的判别方法,它的基本思路就是投影。对 P 维空间中的点 $x_i=(x_{i1},x_{i2},\cdots,x_{ip})$, $i=1,2,\cdots,n$ 找一组线性函数 $y_m(x_i)=\sum_j c_j \cdot x_{ij}$, $m=1,2,\cdots,m$,一般有 $m<p$,用它们把 P 维空间中的观测点都转换为 m 维的,再在 m 维空间中对观测集进行分类。降维后的数据应最大限度地缩小同类中观测之间的差异,并最大限度地扩大不同类别观测之间的差异,如此才能获得较高的判别效率。在此采用方差分析的思想,依据使组间均方差与组内均方差之比最大的原则,选择最优的线性函数。

(2)判别分析基本步骤。

执行判别分析过程的步骤,一般分为如下 3 个部分:

① 依据已知类别的观测集建立一系列分类规则或判别规则。

② 运用所建规则对分析样本、验证样本进行分类检验,得到各样本的判别准确率。

③ 选择拥有较高准确率的判别规则,应用于新样本的类别判断。

6.1.3.4 剩余油控制因素

由于实际油藏的复杂性,需要综合运用多种方法进行分析,以达到寻找样本数据内在规律、相互关系,以及对事物本质的认识之目的。综合分析是建立在大量样本数据的统计、整理及分析基础之上的,这就需要在研究过程中尽可能详实地掌握大量的基础数据。在此基础上分析数据的实际意义,将其整理成为对目标问题的各个影响因素。以后的分析研究工作就围绕在对各个影响因素之间内部规律的归纳和认识上。

首先对统计的数据进行因子分析,以实现寻找各影响因素之间的规律和数据降维之目的。通过因子分析可以将众多影响因素归纳为几个具有实际意义且能反映各个影响因素内部规律的因子变量。

在因子分析的基础上利用因子变量对样本数据进行聚类分析,按其相似程度合理地进行归并和分类,最终将样本数据按照需要分为几个类别。判别分析则是在此基础上对归类方法进行拟合分析,建立判别函数并应用于新样本的类别判断。

剩余油分布受诸多因素控制,分清剩余油分布控制因素的主次顺序尤为重要。研究发现,均质底水油藏、非均质底水油藏、边水油藏,以及混采油田这四种类型呈现出相似的规律,其典型代表分别为 2370 油藏、2500 油藏、K22 油藏和惠州 26 - 1 油田(表 6.3)。从表中可以看出,不同类型油藏、不同开发阶段剩余油控制因素表现出不同的主次关系。控制因素主次关系的改变,必然导致剩余油呈现不同的分布规律,因此剩余油预测需要按区分不同油藏类型、不同分开发阶段进行研究。

表 6.3 南海东部典型油藏剩余油控制因素

油藏类型	开发阶段	主控因素	次要因素	第三因素	第四因素	第五因素	第六因素	第七因素	第八因素
2370 油藏	产能建设阶段	构造	井网	驱替特征	井型	开发政策	流动单元	韵律	夹层
	完善稳产阶段	构造	井网	开发政策	井型	驱替特征	流动单元	韵律	夹层
	措施调整阶段	开发政策	井网	井型	构造	驱替特征	流动单元	韵律	夹层
2500 油藏	产能建设阶段	构造	井网	驱替特征	井型	夹层	开发政策	流动单元	韵律
	完善稳产阶段	夹层	构造	井网	韵律	驱替特征	井型	开发政策	流动单元
	措施调整阶段	夹层	韵律	流动单元	开发政策	井网	井型	构造	驱替特征
K22 油藏	产能建设阶段	构造	井网	流动单元	驱替特征	井型	开发政策	韵律	夹层
	完善稳产阶段	井网	井型	开发政策	流动单元	韵律	构造	驱替特征	夹层
	措施调整阶段	井网	开发政策	井型	韵律	流动单元	构造	驱替特征	夹层
惠州 26 - 1 油田	产能建设阶段	开发政策	构造	流动单元	井网	井型	驱替特征	韵律	夹层
	完善稳产阶段	流动单元	开发政策	构造	夹层	驱替特征	韵律	井网	井型
	措施调整阶段	夹层	构造	流动单元	夹层	驱替特征	韵律	井网	井型

6.2 剩余油分布规律

6.2.1 底水油藏剩余油分布规律及模式

6.2.1.1 相对均质型底水油藏剩余油分布规律

2370 油藏是珠江口盆地砂岩油藏中具有代表意义的相对均质型底水油藏,以中上临滨沉积微相为主,整体上为反旋回沉积,物性在纵向上分布较均匀,天然能量补给充足。

(1)相对均质型底水油藏剩余油分布规律。

对于高孔、高渗、夹层不发育的 2370 油藏,剩余油主要分布于构造高部位、驱替特征不同的单井附近区域和井网不完善区域。

平面上,剩余油呈块状分布,主要分布于油藏中部、东部及西北部地区。剩余油总体分布趋势受流动单元分布和小层物性控制(图 6.26)。纵向上,由于主要受层间非均质和韵律的影响,导致层与层之间的储量动用程度及各小层剩余油分布存在较大差异。

2370 油藏由于分批次实施"先长轴,后侧翼"的"点—线—面"布井方针,井网是逐步完善的。在各个时期井网的相对不完善都导致了剩余油的聚集。

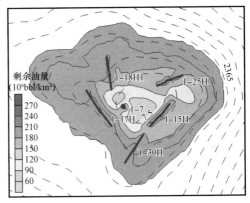

图 6.26　2370 油藏平面剩余油量

第二批次钻井主要布在了顶部平缓的高部位,平面上 7 井和 15 井只在附近动用了一定区域,构造线 2350m 以外的区域含油量基本不变。外围存在大量剩余油(图 6.27)。

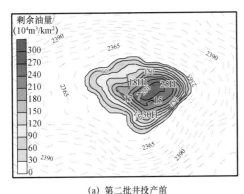

(a) 第二批井投产前

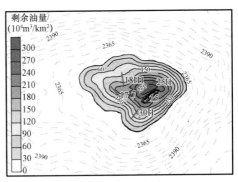

(b) 第三批井投产前

图 6.27　2370 油藏第二批次井投产前后剩余油量对比

第三批次到第五批次钻井主要布在长轴方向上的局部高点,在平面上 17H 井和 25H 分别动用了西部和东北部的区域。剩余油主要分布在南北向的短轴方向上(图 6.28)。

第七批次钻井主要布在翼部的局部高点,平面上 30H 井和 18H1 井分别动用了西北部和南部的区域。剩余油主要分布中部和东部无井区(图 6.29)。

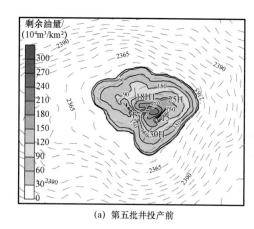 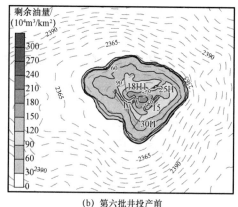

(a) 第五批井投产前　　　　　　　　　(b) 第六批井投产前

图 6.28　2370 油藏第五批次井投产前后剩余油量对比

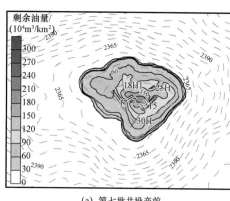 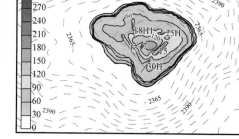

(a) 第七批井投产前　　　　　　　　　(b) 目前状况

图 6.29　2370 油藏第七批次井投产前后剩余油量对比

通过油藏数值模拟研究可知,2370 油藏各小层动用状况很不均衡。总体来看 SL－1～SL－3 处于高部位,是主要含油层位,采出程度较高;SL－5 和 SL－7 为下部层位,含油较少。整体上主力层系地质储量较大,因此仍有较大的潜力。

(2)相对均质型底水油藏剩余油分布模式。

对于 2370 相对均质性油藏,剩余油分布模式主要体现在"2 高 1 区",即高部位与高层位,以及底水水锥周围区。2370 均质无隔夹层发育底水油藏各阶段剩余油分布模式如图 6.30 所示。

① 产能建设阶段(二批次井)—"屋脊"油。

在产能建设阶段,由于在投产初期,剩余油主要分布在构造高部位,虽有 1 口直井与 1 口水平井的开发,油井附近剩余油减少,但由于开发时间较短,油藏整体仍主要受构造部位的控制,剩余油集中在油藏最高点,称为"屋脊"油。

② 完善稳产阶段(五批次井)—"屋脊"油。

由于储层物性好,底水能量大,导致油藏在开发过程中,油水运动是类活塞式底水平托,从而剩余油的主要富集仍是在构造高部位,剩余油分布模式仍为"屋脊"油。

③ 措施调整阶段(七批次井)—朵状剩余油。

长时间的开发后,剩余油的分布受平面上多口井的影响,由于直井单井采出程度低,剩余油主要分布在中部直井区域,油井的分布是剩余油分布的主控因素,因此,该阶段井网的控制作用超过了构造对其影响作用,剩余油分布模式为井网主控模式。边部加密井网,有效改变顶部水线包络区,受井网影响较大,剩余油类似花朵状,主要在井间比较富集。

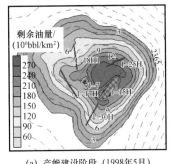

(a) 产能建设阶段(1998年5月)

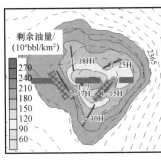

(b) 完善稳产阶段(2006年3月)

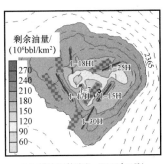

(c) 措施调整阶段(2008年4月)

图 6.30　2370 油藏三个阶段剩余油分布

6.2.1.2　非均质型底水油藏剩余油分布规律

2500 油藏是典型的非均质型油藏,以中下临滨沉积微相为主,由于该油藏沉积水体相对比较动荡,其沉积韵律变化较快,低渗透夹层非常发育,物性在纵向上呈较强的非均质性。

(1)2500 油藏剩余油分布规律。

对于高孔、高渗、夹层发育的 2500 油藏,剩余油主要分布于构造高部位、隔夹层底部、较差的流动单元、韵律变化的物性较差层系、井网不完善区域和直井集团井间区域。

平面上,剩余油呈零散片状分布,主要分布于油藏东部的高部位、中北部及西南部井网不完善地区。剩余油饱和度总体分布趋势受流动单元分布和小层物性控制。纵向上,由于受层间非均质、隔夹层与射孔位置关系的影响,导致层与层之间的储量动用程度及各小层剩余油分布存在较大差异。

2500 油藏由于各批次实施"先长轴,后短轴"的"点—线—面"布井原则,井网是逐步完善的。在各个时期井网的相对不完善都导致了剩余油的局部富集。

第一批次:ODP 方案,高部位布井。初期直井开采底水油藏,底水锥进明显。7 井位于底水窜流通道,致使含水上升过快。第二批次、第三批次:通过完善井网提高采收率。三批完钻后井网已经基本形成,剩余油主要分布在井网不完善区(图 6.31)。第四批次:以水平井形式完善井网。第五批次:以水平井形式扩边(图 6.32)。认识:扩边增储,取得不错效果。扩边阶段后,主要动用边部井未开采的剩余油。剩余油主要在构造高部位。

六批:挖掘潜力区。认识:针对五批末分析的潜力区完善井网。七批:侧钻挖潜。在特高含水期完善井网,寻找"屋檐"油和"三明治"剩余油。八批:部署 5aH1 井挖掘西南部剩余油(图 6.33)。剩余油分布主要受前期井网影响较大,后期只是调整。

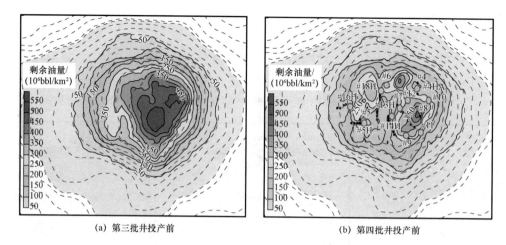

(a) 第三批井投产前   (b) 第四批井投产前

图 6.31　2500 油藏第三批次井投产前后剩余油分布

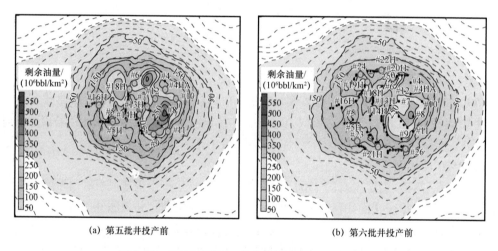

(a) 第五批井投产前   (b) 第六批井投产前

图 6.32　2500 油藏第五批次井投产前后剩余油分布

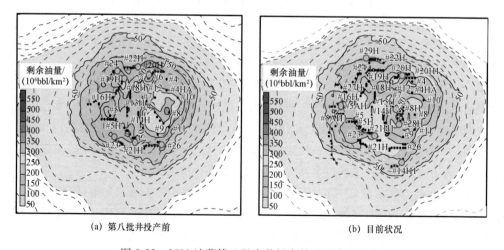

(a) 第八批井投产前   (b) 目前状况

图 6.33　2500 油藏第八批次井投产前后剩余油分布

在各批次钻井开发的过程,对油藏的认识逐步升级,同时也对剩余油控制因素有了更加深入的理解。

(2)非均质型底水油藏剩余油分布模式。

对于2500非均质性强,隔夹层发育的底水油藏,各阶段剩余油表现为"2高、1低、4区、5态"的分布模式。"2高"是指剩余油主要集中在构造高部位和纵向高层位。"1低"表现为在低渗层剩余油富集。"4区"是指剩余油主要富集在边水油藏水线包络区、底水油藏水锥周围区、夹层遮挡区以及差流动单元区域。正是由于上述因素,造成剩余油分布呈现为"5态":在不同油藏不同阶段形成的"屋脊"状、朵状、孤岛状、"三明治"状,以及"屋檐"状剩余油。

① 产能建设阶段(三批次井)—屋脊油。

由于在开发初期,动用较少,剩余油主要分布在构造高部位。剩余油在油藏屋脊处富集。虽有油井的开发,剩余油主要分布形态仍是主要以构造线为边界,只有在油藏西南部剩余油较少(图6.34)。

② 完善稳产阶段(五批次井)—朵状剩余油、"屋檐"油。

开发中期,井网进一步完善,剩余油主要为朵状剩余油,在局部地区,由于夹层的遮挡,其下伏形成大量剩余油。由图6.35可以看出大量的剩余油在东南部大范围夹层下富集。

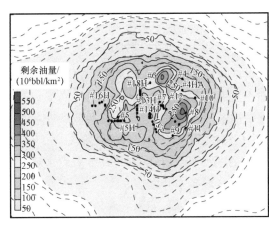

图6.34　2500油藏产能建设阶段
剩余油量分布

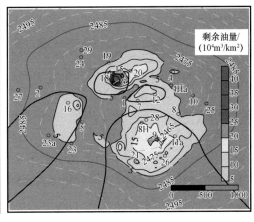

图6.35　2500油藏完善稳产阶段
SL16小层剩余油分布

③ 措施调整阶段(八批次井)—"三明治"剩余油、"工"型剩余油。

虽有新井挖潜,但低渗区仍有大量剩余油未动用。如SL1−SL5小层低渗区有大量剩余油(图6.36),从韵律图中可以看出,上部层位渗透率较低,在这个开发阶段,上部低渗层有大量剩余油富集。如SL4层基本未动用,而SL5层动用较多,形成典型的"三明治"剩余油。而对于SL5、SL6、SL7,则形成典型的"工"型剩余油。其基本特征是上下动用较多,而中间层位动用较少。

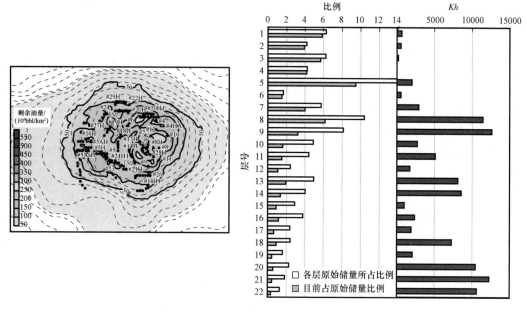

图 6.36 2500 油藏措施调整阶段剩余油分布

6.2.2 边水油藏剩余油分布规律及模式

6.2.2.1 边水油藏剩余油分布规律

对于边水油藏,平面上,剩余油分布主要受流动单元及井网控制,富集在流动能力相对较弱的流动单元内、流动单元过渡区、井网控制不完善区以及水线推进不均匀或被包围区域;纵向上,剩余油分布主要受构造、韵律控制,剩余油主要分布在构造高部位及低渗带附近。

K22 是典型的边水油藏,自投产以来,经历了单采、混采及侧钻挖潜 3 个阶段。

单采阶段:主要挖潜在构造高点的剩余油。由图 6.37 可知,K22 油藏单采后主要挖潜构造高点的剩余油。针对油田饱和度高、储量丰度高区域布井开发。

混采阶段:主要针对井网不完善区剩余油。另外,在此阶段,如果主要依靠合采开发,一些未动用的较小油藏投入开发。在井间剩余油的阶段性动用后,油藏最终剩余油相对富集区为构造高部位和水线包络区。

侧钻挖潜阶段:由于开发过程中边水的推进,导致剩余油主要富集在高部位,针对此进行侧钻挖潜,如 3Sa 井、6Sa 井,主要针对井网不完善以及构造高点剩余油进行侧钻挖潜。

依据 HZ26 - 1 油田开发历史将其开发历程分为单采产能建设、合采补孔增产、混采联合动用、混采调层递减及混采侧钻挖潜 5 个阶段。其中第一阶段为产能建设阶段;第二阶段只进行了补孔增产措施,产液增加,产油略有降低;第三阶段综合运用补孔、侧钻及堵水等措施,产液增加,产油量基本保持平稳;第四阶段尽管采取了大量调整措施,但产液产油均进入明显的递减阶段;最后一个阶段是混采侧钻挖潜阶段,针对上阶段产能降低的情况,该阶段主要采取了侧钻等一系列增产措施,采液增加,产油稳中有升。

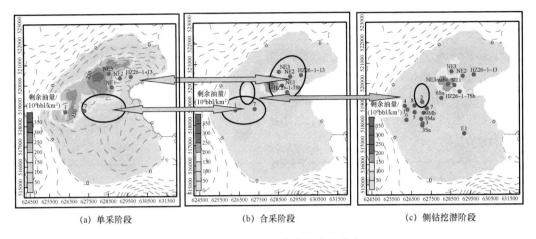

(a) 单采阶段　　　　　　　　(b) 合采阶段　　　　　　　(c) 侧钻挖潜阶段

图 6.37　K22 油藏三阶段剩余油分布

从 HZ26 - 1 油田调整措施及调整效果可以看出,第一阶段产油量增长最多,阶段末与阶段初产油量比值为 3.49;第二、第三阶段为稳产阶段,其阶段末与阶段初产油量比分别为 0.91、0.95;第四阶段为递减阶段,阶段末产油量只占阶段初的 38% ,递减较快;第五阶段为侧钻挖潜阶段,侧钻调层等措施见效,产油量稳中有升,阶段末与阶段初产油量比为 1.16 (表 6.4)。

表 6.4　HZ26 - 1 油田分阶段单井措施效果

序号	阶段	起止时间	补孔	堵水	侧钻	平均产量/(bbl/d)		阶段末与阶段初产量比	
						产油	产液	产油	产液
一	单采产能建设阶段	1991.11—1993.02	—	—	—	37112	44607	3.49	5.60
二	合采补孔增产阶段	1993.03—1997.01	13	—	—	37167	74331	0.91	1.35
三	混采联合动用阶段	1997.02—2001.11	13	6	3	33013	106347	0.95	1.39
四	混采调层递减阶段	2001.12—2006.12	14	15	1	20233	110149	0.38	0.79
五	混采侧钻挖潜阶段	2007.01—2009.09	7	2	6	12790	109866	1.16	1.41

6.2.2.2　边水油藏剩余油分布模式

选取 L30 油藏和 L50 油藏分别代表主力边水油藏和非主力边水油藏。说明不同的剩余油分布模式。

(1)主力边水油藏。

由于该油藏发育多个构造高点,剩余油表现为明显的构造高部位,纵向高层位,低渗层、水线包络区以及差流动单元,在不同阶段形成"屋脊"油、朵状剩余油及"孤岛"状剩余油。

从图 6.38 可知,L30 非均质性较强边水油藏各阶段剩余油模式如下:

① 产能建设阶段(单采)—"屋脊"油。

由于有多个构造高点,在开发初期,油井动用程度低,水线的突进基本没有形成,剩余油主要分布在构造高部位。

② 稳产完善阶段(联合动用)—朵状剩余油。

开发中期,新井投入开发,往往牵引水线指进,形成水线包络区。为中部的油井提供了一定的能量,同时也使油井见水。

③ 措施挖潜阶段(侧钻挖潜)—朵状剩余油、"三明治"剩余油。

剩余油的分布受新的井位的影响,同时由于非均质性的存在,导致差流动单元、低渗区剩余油比较富集。

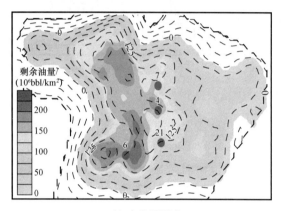

(a) 产能建设阶段

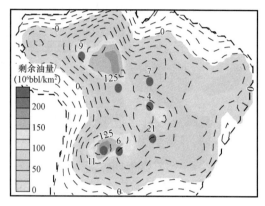

(b) 完善稳产阶段

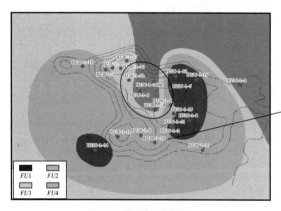

(c) L30流动单元分布图

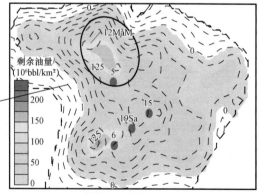

(d) 措施调整阶段

图6.38　L30油藏三阶段剩余油分布

(2)非主力油藏。

从图6.39可知,L50较均质边水油藏各阶段剩余油模式如下:

① 产能建设阶段(联合动用)—"屋脊"油。

开发初期,主要在构造高点布井,但井网较少,构造高点剩余油富集。

② 稳产完善阶段(侧钻挖潜)—朵状剩余油。

开发时间较短,仍有部分高部位井网不完善,且井网控制小,剩余油富集。

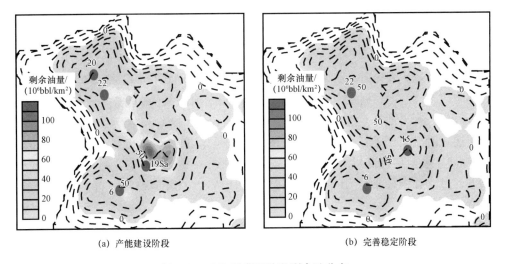

(a) 产能建设阶段   (b) 完善稳定阶段

图 6.39　L50 油藏两阶段剩余油分布

6.2.3　混采油藏剩余油分布规律及模式

6.2.3.1　混采油藏剩余油分布规律

对于整个油田,可以分为主力油藏和非主力油藏两个类型分析各阶段剩余油分布规律。

单采阶段,主要开采 L30、M10、M12 油藏,其剩余油分布如图 6.40 所示,单采主力油藏,井网不完善,剩余油主要分布在构造高部位,受构造控制。

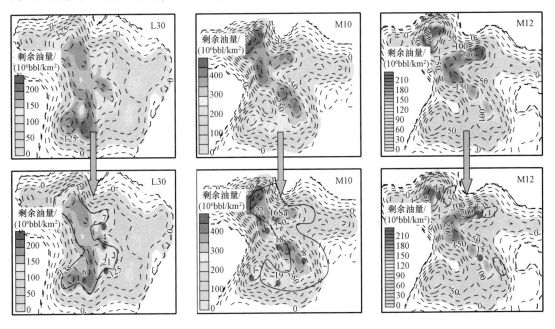

图 6.40　HZ26-1 油田主力油藏单采阶段剩余油分布

合采阶段主要是主力油藏合采,如 M10、M12 相邻主力油藏合采,强化主力油藏的动用。如图 6.41 所示,这个阶段主要是逐步完善井网,因此在构造高部位、井网不完善处富集剩余油。

联合动用阶段主要是补孔开发新油藏,其剩余油分布如图 6.42 和图 6.43 所示。主力油藏井网未改变,因为直井控制区域较小,井周围剩余油富集,而非主力油藏井网刚开始实施,井网不完善,剩余油分布受构造影响较大。

调层递减阶段主要是封堵主力油藏,补孔新油藏,其剩余油分布如图 6.44 和图 6.45 所示,主力油藏主要封堵低部位主力层含水较高井,剩余油主要富集在井网不完善区域和局部构造高点。过路井合采非主力油藏,主要是开采构造高位,井网仍不完善,剩余油受井网和构造影响。

侧钻挖潜阶段主要是针对主力油藏局部剩余油富集区侧钻水平井,但这阶段新开井较少,造成部分剩余油富集区未动用(图 6.46)。

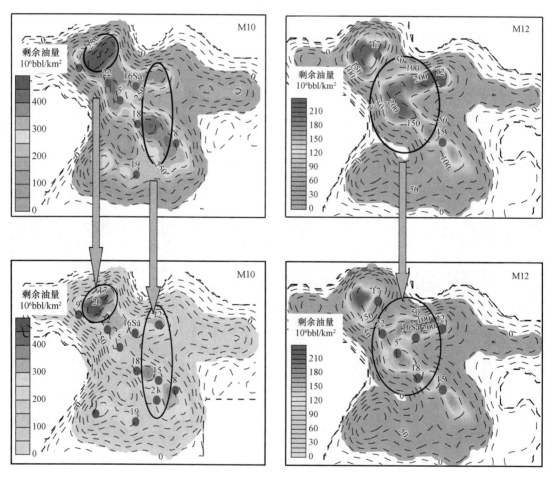

图 6.41　HZ26 – 1 油田主力油藏合采阶段剩余油分布

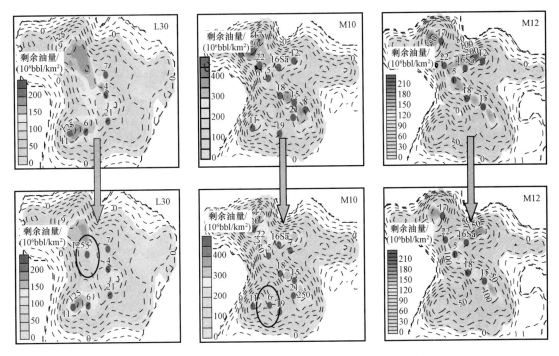

图 6.42　HZ26 – 1 油田主力油藏联合动用阶段剩余油分布

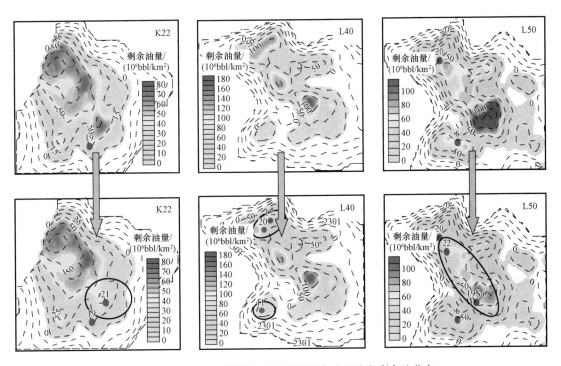

图 6.43　HZ26 – 1 油田非主力油藏联合动用阶段剩余油分布

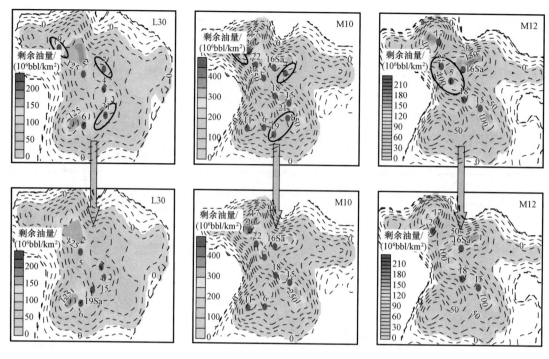

图 6.44　HZ26 – 1 油田主力油藏调层递减阶段剩余油分布

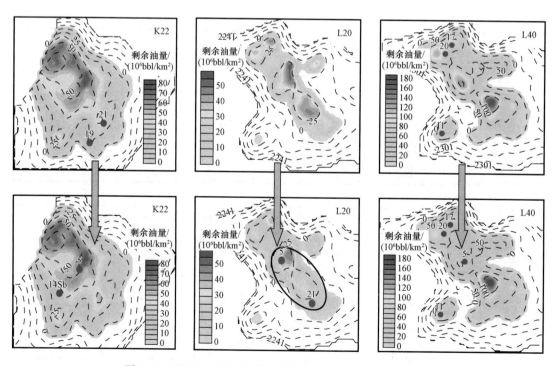

图 6.45　HZ26 – 1 油田非主力油藏调层递减阶段剩余油分布

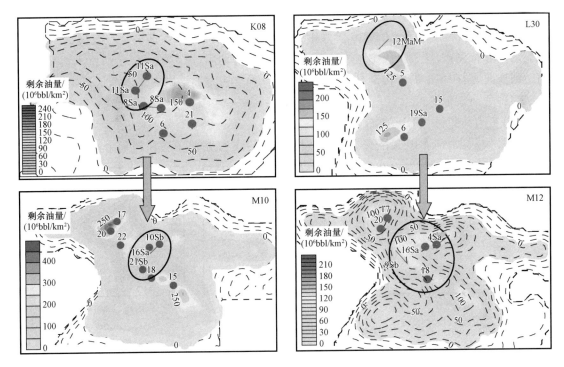

图 6.46　HZ26 – 1 油田主力油藏侧钻挖潜阶段剩余油分布

6.2.3.2　混采油藏剩余油分布模式

第一阶段有针对性地单采,定向井开采为主。在该阶段中,油井主要投产单个油藏进行开发,并且主要投产 L30 油藏、M10 油藏及 M12 油藏等主力油藏。其余油藏(K08 油藏、L50 油藏及 L60 油藏)零星开发。在此阶段中,主要从整体考虑,依据"先肥后瘦"的基本原则,从主力储量油藏入手进行开发。因此,该阶段非主力油藏基本没有动用,混采油藏剩余油主要体现在主力油藏在第一阶段的剩余油。由于是最初动用,不论是边水油藏,还是底水油藏均体现了"屋脊"油的分布模式。油藏构造高部位动用较少,近似于原始的分布状态。

第二阶段油藏内有序动用,兼顾分层系开发。合理划分开发层系,进行合采开发。针对不同油藏的储量大小、油藏类型,以及不同的边底水能量、物性级差等,选择合理的油藏合采方案。如 M10 油藏与 M12 油藏的合采,L30 油藏与 M10 油藏的合采,从最大程度上做到各油藏的有效动用,最小的层间干扰。在该阶段中,主力油藏得到有效开发,适合合采的非主力油藏也相继开始投入开发。主力油藏的底水或者边水已经有明显的上侵或者边部侵入,剩余油呈朵状剩余油模式。而非主力油藏由于刚开始动用,仍近似于油藏初始状态,剩余油仍为"屋脊"油。

第三阶段油藏间联合动用,单井产能为重点。油藏间混采开发,此阶段主要以单井产能为重点,针对不同油藏的剩余油富集区,这一阶段主要是动用主力层的同时,也补孔非主力油层,带动非主力油藏的开发,提高单井产能。主要分为三个阶段:联合动用阶段、调层递减阶段及侧钻挖潜阶段。这三个阶段综合运用补孔、调层、堵水及侧钻等措施,着重点各有不同,从联合动用阶段的补孔,到堵水调层,以及后期的侧钻挖潜,都旨在维持油田高产,减缓递减,提高单井产能。因此,在这个阶段中,主力油藏剩余油分布逐渐由朵状发展为"孤岛"状剩余油分布模式,这个阶段中主力油藏得到最有效的动用,边水的入侵已沿着水线高速通道达到连通,而在多个局部构造高点形成剩余油。而非主力油藏则由于逐渐地开发,体现出朵状的剩余油分布模式。

(1)主力油藏(以 M10 油藏为例)。

如图 6.47 所示,M10 是隔夹层发育、相对均质的底水油藏,其各阶段剩余油模式如下:

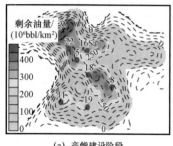 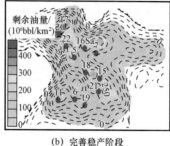 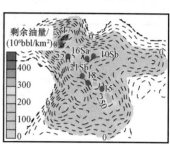

(a) 产能建设阶段　　　　　(b) 完善稳产阶段　　　　　(c) 措施调整阶段

图 6.47　M10 油藏三阶段剩余油分布

① 产能建设阶段(单采)—"屋脊"油。

由于有多个构造高点,在开发初期,动用较少,剩余油主要分布在构造高部位。

② 稳产完善阶段(联合动用)—朵状剩余油。

加密井网,改变部分水线包络区,形成朵状剩余油。

③ 措施挖潜阶段(侧钻挖潜)—朵状、"孤岛"状剩余油。

虽然有夹层发育,但在夹层下仍有射孔,夹层影响较小;后期部分区域水平井调整,改变部分水线包络区,形成井间朵状剩余油;有些区域动用程度高,形成"孤岛"状剩余油。

(2)非主力油藏(以 L40 油藏为例)。

如图 6.48 所示,L40 是隔夹层发育、较均质底水油藏,其各阶段剩余油模式如下:

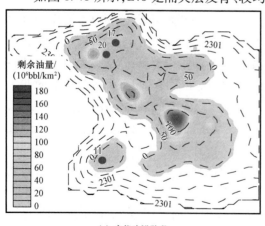 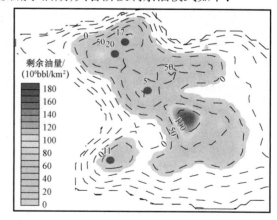

(a) 产能建设阶段　　　　　　　　　　　(b) 完善稳产阶段

图 6.48　HZ26 - 1 油田 L40 油藏两阶段剩余油分布

① 产能建设阶段(联合动用)—"屋脊"油。

在整个油藏的开发过程中,油田开发已经进入第二个阶段,但是对于该油藏,属于产能建设阶段,开发初期,主要在构造高点布井,但井网较少,构造高点剩余油富集。

② 稳产完善阶段(侧钻挖潜)—"孤岛"状剩余油。

后期虽有新井进行调整,但仍有部分高部位井网不完善,水体沿井突进,且井网控制小,剩余油富集。

底水油藏剩余油演变过程:"屋脊"油→朵状剩余油→"孤岛"状剩余油("屋檐"油、"屋顶"油)。夹层的发育延缓剩余油模式转变进程。

边水油藏剩余油演变过程:"屋脊"油→朵状剩余油("工"型、"三明治")。

6.2.4　边底水油藏剩余油分布模式

从不同的角度、系统总结边底水油藏剩余油的成因机理、富集位置、不同开发阶段的分布特征,可用"2 高、3 低、4 区、5 态"来概括。"2 高、3 低、4 区"是剩余油分布的成因及富集位置,是剩余油存在的内因,决定了不同时期剩余油分布的"5 态";"5 态"是剩余油分布特征的外在表现。

6.2.4.1　"2 高"剩余油分布模式

"2 高"是在平面上和纵向上不同角度对剩余油的描述。

(1)高部位:剩余油集中在构造高部位,主要是因为在开发中后期,随着油水界面的上升,水线范围沿构造线逐步缩小,导致剩余油最终在构造高部位富集。

(2)高层位:在边底水油藏油井生产中,油井产量的大部分是在高含水阶段采出的,在这个阶段,下部层位含水饱和度较高,高层位含水饱和度低,动用较少,剩余油较富集。

6.2.4.2　"3 低"剩余油分布模式

"3 低"是指剩余油主要富集在层内低渗段、层间低渗层及井网控制低的油藏。

(1)层内低渗段:主要是由于渗透率的层内非均质性,导致纵向上各油层动用不均,高渗层水洗较干净,低渗层仍有大量剩余油。

(2)层间低渗层:对于多油藏合采,由于油藏间存在渗透率级差、储量级差、黏度级差,以及能量级差等,导致各个油藏产出能力不均,各油藏动用状况不均。物性相对差的油藏动用状况不如物性好的油藏,剩余油有所富集。

(3)井网控制程度低的油藏:由于统筹开发,主要针对主力油藏的开发,非主力油藏井网控制程度低,对于个别油藏基本未动用,此类油藏是剩余油挖潜的目标。

6.2.4.3　"4 区"剩余油分布模式

"4 区"是指剩余油主要富集在边水油藏水线包络区、底水油藏水锥周围区、夹层遮挡区,以及差流动单元区域。

(1)边水油藏水线包络区:边水油藏开发中,平面水线推进不均匀,形成水线包络区,正是剩余油的富集区之一。

(2)底水油藏水锥周围区:底水油藏中在每口油井下形成不同程度的水锥和水脊,在水锥的扩展区域之外,剩余油大量富集。

(3)夹层遮挡区:对于射孔层位下有夹层发育的底水油藏,夹层下部仍有大范围剩余油不能被采出。这种区域剩余油量受夹层面积大小控制。

(4)差流动单元区域:流动单元是对储层物性的综合反映,而且流动单元能较好地反映平面与纵向上的特征,在平面上剩余油的不同驱替程度主要是受流动单元的控制,较差的流动单元反映了较差的储层物性,油水运动沿物性好的区域突进,在物性差的区域产生绕流,致使平面动用不均,最终形成大量的剩余油。

6.2.4.4 "5 态"剩余油分布模式

不同的剩余油分布成因及富集位置必然形成不同的剩余油分布特征。外在表现为 5 种剩余油分布状态。

(1)以构造为主控因素的"屋脊"油。

以构造为主控的剩余油在构造高点富集,从平面上看,与构造线形状相似,形成"屋脊"油。形成该类剩余油的原因主要有两种:一是由于储层物性好,能量充足,导致底水平托,边水平扫,剩余油在构造高点富集;二是由于整体动用较少,油井的短暂开发没有对剩余油的富集区域产生明显变化。此模式剩余油的开发对策是在油井顶部集中加密(图 6.49)。

(2)以井网与构造共同控制的朵状剩余油。

随着开发的进行,以构造与井网共同控制的剩余油,主要是构造高部位的井间剩余油。由于油井的开发导致在油井附近剩余油分布较少,又由于油水密度差的影响,原油仍主要在构造高部位富集。两者的耦合作用产生朵状剩余油。

形成该类剩余油的原因主要有两种:一是由于底水上升,水线主要沿构造鞍部推进,形成构造影响的剩余油富集;二是由于油井的开发,水线沿油井方向推进,形成二者共同作用的剩余油富集状态。(图 6.50)。

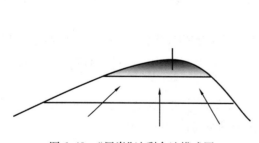

图 6.49 "屋脊"油剩余油模式图

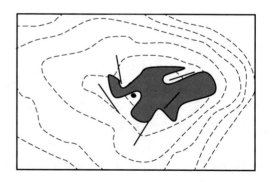

图 6.50 朵状剩余油模式图

(3)以构造为主控因素的"孤岛"状剩余油。

随着油水界面的进一步上升,油水边界在平面上逐渐缩小,形成以微构造高点为类型的剩余油富集。此时,井网对剩余油的控制作用明显减弱,因为部分油井已进入油水过渡区域,而另一部分油井则由于处在构造最高点,与剩余油在构造高点富集形成叠合(图 6.51)。

形成该类剩余油的原因主要有两种:主要由于底水上升,油水界面上升,油水重力差导致剩余油富集在微构造的高点。

（4）以夹层为主控因素的"屋檐"油、"屋顶"油。

由于夹层的遮挡，在夹层上部射孔，会使夹层下部形成大量剩余油，称此为"屋檐"油。另外，在夹层上部，由于次生边水的斜向上运动，也会产生剩余油，称为"屋顶"油。但是，如果在夹层下部也射孔，则夹层对剩余油的影响不大（图 6.52）。

此类剩余油形成的原因主要是由于夹层的遮挡，导致底水波及不到，对于此类剩余油，应以小排量挖潜夹层下的剩余油。

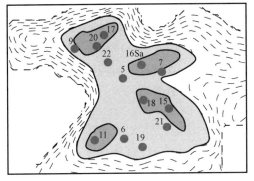

图 6.51　"孤岛"状剩余油模式图

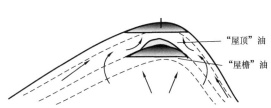

图 6.52　"屋檐"油、"屋顶"油剩余油模式图

（5）以低渗为主控因素的"三明治"剩余油、"工"型剩余油。

由于渗透率级差产生的水体波及不到而产生的剩余油的主要特征是低渗中夹着高渗层的"三明治"剩余油，或者高渗层夹着低渗层的"工"型剩余油（图 6.53）。

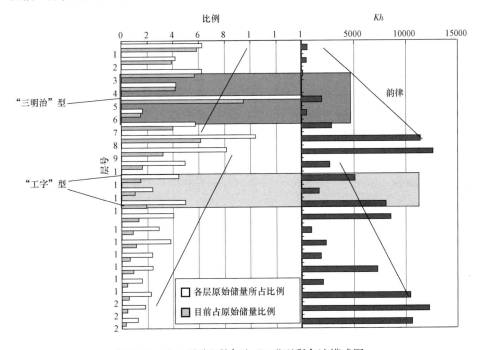

图 6.53　"三明治"剩余油、"工"型剩余油模式图

对于此类剩余油的挖潜,应做到引边水、调底水来补充低渗区的驱动能量。另外,由于高渗层含水较高,后期应该堵掉高渗层,只针对低渗层进行开发。

对于渗透率较高的海上油藏开发,构造对剩余油的影响因素贯穿油田开发的始终。而井间剩余油会随着开发进行,控制因素越来越明显。不同的油藏类型,不同的开发阶段,存在不同的主控因素。抓住主要矛盾,是研究剩余油的关键所在。

6.3 边底水油藏控水稳油调控技术

油井出水是油田开发过程中的重要难题,不仅消耗地层能量,降低原油采收率,而且加剧设备腐蚀和结垢,产出水外排引起环境污染,因此,进行油井堵水是维持高效开发的重要举措。海上油田的开发特征决定了油井堵水的特点和难点,结合海上油田的生产和实践分析,提出海上油田的堵水措施,对油田的效益可持续开发具有重要意义。

6.3.1 机械卡堵水技术

机械卡堵水技术是利用封隔器密封套管空间来解决层间矛盾,封堵高含水层。此卡堵水方法的施工工艺简单,不需要消耗任何堵水剂或降水剂,可以减少对油层的污染且堵水成功率较高,封堵效果较好。

在对目标油藏剩余油挖潜研究过程中,针对部分水平井面临含水上升过快问题,结合地质研究成果,提出了机械卡堵水的水平井堵水处理方法。

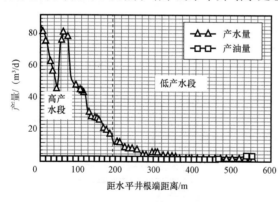

图 6.54　B17H 井产液剖面

目标油田主要采用筛管完井,根据 B17H 水平井产液剖面可知,该井水平段产液剖面存在明显的跟高趾底现象(图 6.54)。究其原因是该水平井趾端下部发育小范围夹层,遮挡了底水的快速脊进,造成能量供应不足,产液困难。而该水平井跟端下部夹层欠发育,底水快速脊进,导致水平井跟端水淹严重。针对此情况,提出了跟端高含水部位机械卡水策略。

机械卡水后,B17H 水平井控水增油效果明显,表现为含水率下降,累计产油量较大幅度增加(图 6.55)。说明该水平井趾端动用程度得到明显改善,使得近井区域的动用程度提高。这是由于封堵高含水根端,使得底水发生绕流,出现了次生边水驱替。充分证明了机械卡水可以实现水平井产液剖面的调整,达到降水增油目的。

6.3.2 氮气泡沫压水锥技术

注入氮气泡沫混合流体,抑制底水锥进,降低油井综合含水。泡沫压锥机理主要是(1)

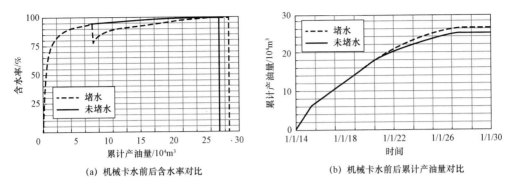

图 6.55　B17H 井机械卡水前后生产动态变化特征

氮气和发泡剂溶液优先进入高渗层,增加高渗层的渗流阻力;(2)发泡剂能够大幅度降低油水界面张力,改善岩石表面的润湿性;(3)在重力分异作用下,形成次生气顶,增加油藏的弹性气驱能量;(4)氮气溶解于原油中降低原油黏度,使原油体积发生膨胀。

针对 PY 油田油藏温度 80℃,地层矿化度 30 ~ 40g/L,含水率大于 80% 的生产特点,提出 B26H、B18H 等 6 口井可实施氮气泡沫压水锥技术。从图 6.56 可以看出,实施氮气泡沫压水锥之后,高含水井的含水率上升变缓,累计产油量上升,表明氮气泡沫压水锥治理高含水井效果明显。

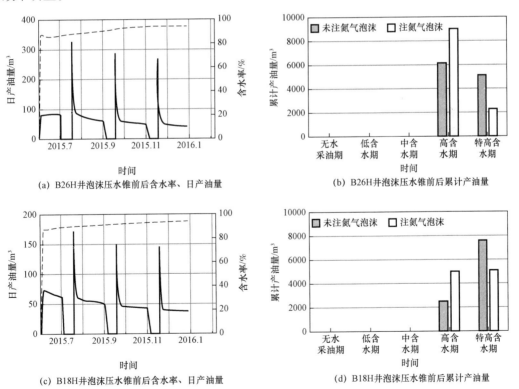

图 6.56　PY 油田氮气泡沫压水锥前后生产动态对比

6.3.3 分段完井 ICD 技术

分段完井能够均衡产液剖面,有效抑制底水脊进。流入控制装置 ICD 是一种新型完井工具,将 ICD 应用到底水油藏的开发中,流体流入井筒之前必须流经装置,流体流经之后产生额外的压降,这样就降低了水平井跟端和趾端之间产生的生产压差,进而消除了水平井的"趾跟效应"。生产中通常将分隔器和 ICD 联合使用,可以使非均质储层获得均匀泄油,通过限制各段不同采油指数达到产液平衡,从而实现延缓底水脊进,延长无水或低含水采油期,提高油气井产量和采收率(图 6.57)。与普通完井水平段产油速度剖面相比,ICD 完井水平段产油速度剖面更加均匀(图 6.58)。

图 6.59 是 PY 油田 BO16.40 油藏 B16H 井正常完井的含水上升剖面图,从图可知,由于水平段趾端下伏发育夹层,底水主要从 B16H 井跟端突破。从图 6.60 可以看出 B16H 跟端产水量较大,而趾端由于夹层的遮挡,产水量较小。

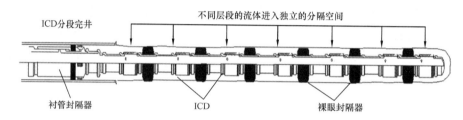

图 6.57　ICD 完井管柱

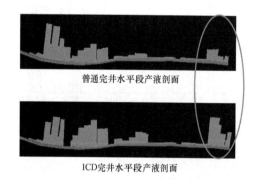

图 6.58　普通完井与 ICD 完井水平段产液剖面

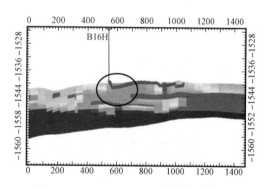

图 6.59　B16H 井含水上升剖面图

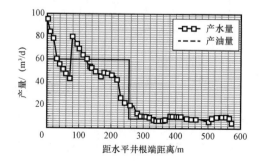

图 6.60　B16H 井普通完井产液剖面

图 6.61 是 B16H 井实施 ICD 完井后的产液剖面,从图中可知,ICD 完井后产液剖面更加均衡,累计产油量更高,含水上升更缓(图 6.62)。

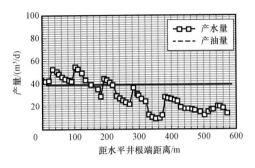

图 6.61　B16H 井 ICD 完井产液剖面

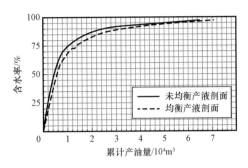

图 6.62　B16H 井 ICD 完井与普通完井生产效果对比

6.4　水平井剩余油立体挖潜技术

南海东部油田进入高含水期后,油田产量低、产量递减快、剩余潜力小、措施调整难度大等矛盾和问题突出,剩余油挖潜工作尤为重要。

6.4.1　底水油藏剩余油挖潜技术

LF13 油田有 2370 和 2500 两个强底水油藏,2500 为主力油藏。进入开发中后期,为了提高储量动用程度,LF13 油田通过八个批次的滚动部井,油藏描述向更加精细发展,借助侧钻井和动态监测取得大量资料,深入研究剩余油分布规律,有针对性地在油藏内部"立体式"挖潜剩余油,逐渐形成从平面拓展到立体、从二维扩展到三维的剩余油挖潜方式,油田动用上积极向周边构造和深层油藏寻找潜力区,形成了油田整体的"立体式"挖潜策略。

(1)多轮次滚动开发。

LF13 油田经历了七次地质油藏综合研究,七次开发调整,八批次钻井,每个批次钻井之后都开展了深入的油藏精细研究,重新预测剩余油分布,这在指导油田开发调整中起着十分重要的作用。每个批次开井生产后,都有效地弥补了油田产量的递减,完成产量的滚动接替,保证了油田高速开发(图 6.63)。

(2)模式化剩余油差异化挖潜。

LF13 油田经历八次地质油藏综合研究,每一次研究都是基于以前研究成果之上,结合新钻井资料,并考虑措施井投产后的实际生产动态的情况下,更新油藏地质模型和数值模型,并在历史拟合完成后寻找一批剩余油潜力区,集合分析成果和油田生产测试资料,确认侧钻潜力目标。

①"屋脊"油。

这类剩余油存在于构造高部位且井网未完善区,含油饱和度明显高于同一油砂体已动用区域,产能可观。28H 井就是经过了领眼井证实后,部署在 2500 油藏上部 SL5 小层上的一口调整井。该井钻遇油层电阻率高达 $80\Omega \cdot m$(已动用区的油层电阻率很少超过

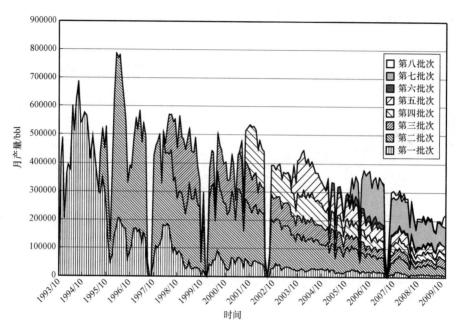

图 6.63　LF13 油田、批次井产油贡献

$20\Omega\cdot m$），油柱高度近 10m。该井投产后，日产油高达 2028bbl/d，预计自喷期将超过一年，低含水采油期将超过两年。

②"工"型剩余油。

高含水、特高含水期剩余油主要存在于低渗层段及低渗区，这已成为石油开发的共识。但实际上却存在一个挖潜上的技术难题，由于层薄、产能低，若大面积部署调整井有可能导致单井产油量达不到经济指标，加上海上油田操作成本高，因此该类区域一直被视为海上油田开发"禁区"。

鉴于 2500 油藏上部低渗层 SL1～SL4 储量较大（超过 1000×10^4bbl），选择 SL3 层的"甜点"区域部署试采井 21H1 井，并采用了阶梯式水平井的方式利用高含水老井 21H 侧钻完成低渗层 SL3 和相对高渗层 SL5 各 350m 水平段，最终水平段长 700m。该井投产后日产油从侧钻前的 301bbl/d 增加到 1692bbl/d，含水率从 96% 降为零，对低渗层剩余油的挖潜取得巨大成功。

③"屋檐"油。

特高含水期的"屋檐"油存在环境和其他类型的剩余油差别很大，其周围都被边底水包围，若以水平井裸眼完井来开采还存在一个下隔水套管的技术难题，最重要的一点是"屋檐"油要有一定的储量规模才有挖潜的价值。28 井证实 2500 油藏 SL13/16 层和 SL19小层的"屋檐"油后，利用老井（8 井）侧钻穿过两套油层开发。侧钻完成的 8H 井投产后日产油从侧钻前的 343bbl/d 增加到 928bbl/d，含水率从侧钻前的 96% 下降到 84%，而且由于针对开采"屋檐"油的控制液量防止水突破的策略使得含水每三个月才上升 1%。

④"三明治"型剩余油。

"三明治"剩余油是第七批次钻井过程中发现的一类剩余油存在方式，"三明治"的夹心部分是物性较好的层段,上下"面包"则是物性较差的层段。若再利用"高渗注、低渗采"的方式,将底水从"夹心"部分的弱水淹高渗层段引入上下"面包"部分的未水淹低渗层段,将会得到一个十分漫长的采油期,取得较好的经济效益。

在"三明治面包"区剩余油部位完井的29H井取得了较好的效果,初产油698bbl/d,该井含水率一直稳定在63%~69%长达一年之久,甚至有三个月时间稳定在67%。

(3)周边构造寻找潜力。

通过对LF13油田周边构造综合评价,决定对LF14构造进行详细评价,并与LF13油田联合开发动用这些潜力。但LF14构造实钻结果表明,由于油源运移问题,目标层基本落空,从而向周边构造寻找剩余油的思路暂告一段落。但随着油田的持续开发和地质油藏研究工作的继续,会再向周边其他潜力构造深入(图6.64)。

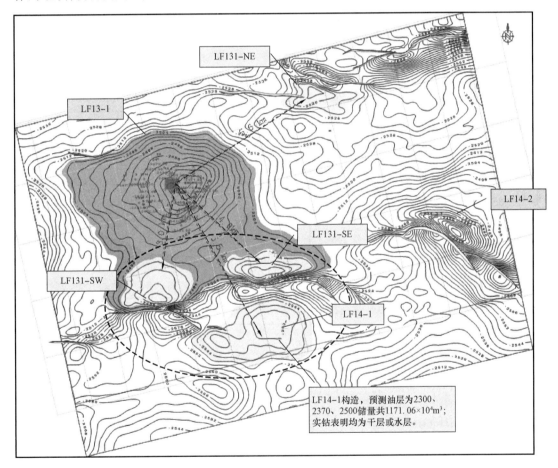

图6.64 LF13油田周边构造

(4)深层油藏寻找潜力。

在周边构造失利的情况下,工作重心转到本油田上,在新的立体挖潜策略指导下,开展了对2500油藏以下深层的评价,并钻领眼井(9PH)评价深层储量规模、构造及产能。通过9PH井找到了一定规模的储量,并获得可靠的产能(表6.5、图6.65和图6.66)。后续将进一步开展深层精细评价,获取更多的深层资料,让深层的储量转化成产量,解放深层的剩余油。

在"立体挖潜"策略的指导下,LF13 油田 2500 油藏下部的珠海组、恩平组获得约 300 ~ 600 × 10⁴ m³ 的地质储量,初步估算可采剩余油储量 100 × 10⁴ m³ 以上,试产后单井产能较落实,立体挖潜取得成效,实现了剩余油(储量)向产量的转化,从而为该油田的进一步滚动开发、增产稳产创造了条件。

表6.5　LF13 −1 −9PH 测井解释结果

序号	油氧	油氧类型	储层顶深/m	储层底深/m	储层厚度/m	油柱高度/m	有效厚度/m	有效孔隙度/%	含油饱和度/%	渗透率/10⁻³μm²	油水界面/m	解释结果
1	2570	底水	2586.2	2599.7	13.5	3.5	2.9	19.9	28.6	48.2	2589.7	油层
2	2600	边水	2622.4	2624.4	2.0	2.0	1.8	18.4	48.6	203.0	2624.4	油层
3	2610	底水	2636.0	2651.2	15.2	2.5	2.1	20.9	42.3	153.6	2638.5	油层
4	2630	底水	2654.1	2684.8	30.7	6.0	2.1	21.2	40.2	82.2	2660.1	油层
5	2760	底水	2776.7	2786.5	9.8	4.9	4.7	17.2	39.6	39.4	2781.6	油层
6	2790	边水	2803.0	2810.9	7.9	7.9	3.7	17.1	30.7	80.9	2810.9	油层
7	2860	边水	2878.6	2882.6	4.0	4.0	2.3	17.6	27.8	102.7	2882.6	油层
8	2870	边水	2891.1	2892.6	1.5	1.5	1.3	15.4	40.9	70.8	2892.6	油层
9	2880	边水	2901.3	2924.2	22.9	22.9	18.7	15.0	44.8	44.6	2924.2	油层
10	2890	边水	2936.4	2939.4	3.0	3.0	2.9	17.0	45.5	63.6	2939.4	油层
11	2900	底水	2945.0	2969.2	24.2	14.6	10.0	16.2	27.6	90.9	2959.6	油层
12	2980	底水	3021.4	3063.2	41.8	19.8	16.3	16.5	39.5	85.5	3041.2	油层

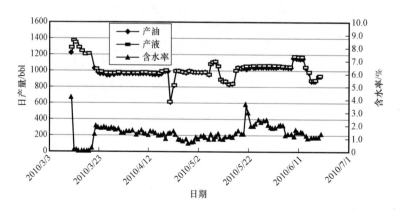

图6.65　LF13 −1 −9a 生产动态曲线

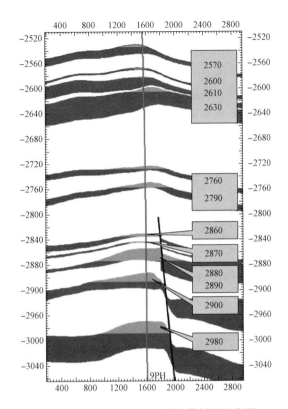

图6.66　LF13油田9PH井油藏剖面示意图

6.4.2　边水油田挖潜技术

HZ油田群大多数油田都属于开发了十几年的老油田(表6.6),含水率超过90%,油水关系变得异常复杂,挖潜难度极大。

表6.6　2006年底各油田生产情况统计表

油田	生产井数/口	动用油藏数/个	地质储量/$10^4 m^3$	平均日产油/m^3	含水率/%	累计产油量/$10^4 m^3$	采出程度/%
HZ21 – 1	10	8	2309	384	89.3	861.2	37.3
HZ26 – 1	19	11	5085	1684	89.8	2324.7	45.7
HZ32 – 2	10	6	1132	1020	91.8	511.9	45.2
HZ32 – 3	11	7	3900	1542	89.4	1671.5	42.9
HZ32 – 5	3	2	1273	568	79.0	522.2	41.0
HZ26 – 2	1	5	434	193	85.0	103.5	23.8

6.4.2.1　HZ油田群开发技术政策

HZ油田群的开发技术政策是以联合开发提高油田群整体开发效果为前提,充分利用目前共用的生产设施的能力,积极探索和协调好各油田间的关系,为未来周边发现的油田提供开发的条件。

据油田开发实践表明,HZ 油田群中在开发过程中,油田一般分为二～三个阶段。第一阶段为依靠天然能量,单井单油藏生产阶段,主要是检验各油藏生产能力和水驱能量充足程度,为层系组合和注水提供依据。通过生产实践表明:(1)各油藏的生产能力是高的,但有差异;(2)各油藏的渗透率是大的,但有差异;(3)各油藏的水驱能量是充足的,但有差异,在该阶段内采出程度为 6.55%。第二阶段为选择性层系合采,该阶段通过油井补孔,采取一些增产措施,采出程度为 18.18%。第三阶段为笼统混采阶段,该阶段通过油井侧钻水平井、补孔、调参等措施,进行剩余油挖潜,使油田群继续保持良好的生产势头,有效延缓了油田群的产量递减。

6.4.2.2　HZ 油田群剩余油挖潜方法

HZ 油田群结合实际情况,在老油田内部,精雕细刻,不断深化地质认识,利用数值模型开展大量敏感性方案计算以精细评价目前油藏的剩余油分布。通过精细的油藏管理及地质油藏研究,努力提高老油田的挖潜效果,减缓老油田的产量递减。

(1)测井资料重新统一处理和解释。

由于测井解释是不同时期的斯伦贝谢公司解释,为了保持一致性,组织专家对该地区的井进行了统一解释,研究中对孔隙度、渗透率、泥岩含量及含水饱和度都进行了分析计算,确定了有效储层的临界值和参数解释结果,获得一套可靠的数据进行后续研究。总结出一套适合 HZ 地区的储层评价方法。

(2)动静结合搜寻潜力区。

综合分析静态资料与动态数据,做出目前最合理的物性参数场与油水分布模型。地质工程师重建三维油藏数值模型,通过地质工程师与油藏工程师之间的交流,选择准确合理的静态模型。油藏工程师们对井下流体性质、岩石物性等资料也都做了新的归纳总结。经过前后期一些资料的对比研究,对数据资料做到去伪存真,保证了新的动态模型的可靠性、真实性与有效性。

(3)挖潜配套钻完井。

HZ 油田群是最早在南海东部开展侧钻水平井的先导实验油田群,经过十几年的应用,水平井技术从早期主要用于开发薄油层和低渗透油层,到目前广泛应用,相关技术已经比较成熟。2007 年,为了确保老油田挖潜措施的成功,HZ 油田群又应用了先进的钻完井技术:

① 采用旋转导向钻井技术,提高了机械钻井速度,缩短了钻井作业周期。

② 引用地质导向技术,实施"软着陆"钻水平井的先进工艺,保证了四口侧钻井的准确中靶。

③ 选用水基钻井液体系保护产层,通过引用 Perflow 无固相钻井液体系降低钻井液滤失,减少对产层表皮系数的伤害,很好地保护了油藏。

这些先进技术的不断发展,为老油田挖潜措施的成功提供了较好的生产技术保障。

6.4.2.3　HZ 油田群剩余油挖潜实践

根据地质油藏研究成果,在优化钻井方案基础上,在 HZ26 - 1 侧钻四口水平井和两口领眼井,在 HZ32 - 3 侧钻一口水平井。

HZ26 - 1 油田的 K08 油藏的中部靠西北的局部区域由于物性相对较差,开发效果差,并且油水分布已经被多口井的测试资料证实。所以在这个区域侧钻第一口水平井,11SA 侧钻 K08 油藏,初产油量 2500bbl/d,达到了设计的目标。

HZ26 - 1 油田的第二口侧钻井目标是 L30 油藏。L30 西北部高点区域没有有效开采,数模结果与 RST 测试数据显示这里有很高的含油饱和度。L30 上部有个连续约 1m 厚的含钙致密小层将 L30 分隔为上下两部分。所以最后设计是在 L30 钻一口多底井,分别位于 L30 的上下两部分。12SbMaMb 井侧钻 L30 油藏,初产油量 3300bbl/d。

HZ26 - 1 油田的第三口侧钻井目标是落实 L50 油藏构造,同时探测 L20 到 M12 油藏的含油饱和度。L50 油藏中部的局部高点在数模中显示有较高的剩余油饱和度,但是此局部高点没有井位控制,因此这里最大的风险是构造风险,所以设计打一口领眼井去落实构造,降低风险。21SaSb 完钻在 M10 油藏,初产油量 2700bbl/d,生产效果比较好。

HZ26 - 1 油田的第四口侧钻井目标是 M10 油藏东北部的较高局部区域,从邻井 16A 的开发效果看,M10 是个强底水油藏且底水锥进严重。考虑到此侧钻目标邻近已生产的井,此处的剩余油范围有限,所以侧钻井的长度只有 100m 左右。10Sb 完钻在 M10 油藏,初产油量 2700bbl/d。

HZ32 - 3 油田的第一口侧钻井目标是 M10 层油藏南部高点。导向井证实了南部高点及剩余油的存在,实际生产动态资料显示该侧钻井 3Sd 井初始产油量约 2000bbl/d,初始含水率为 0,经过一个月无水产油期后,目前产油量约 1200bbl/d,含水率约 35%,取得较好的开发效果。

2007 年底,HZ26 - 1 油田产油量 13600bbl/d,综合含水率 88.5%,四口侧钻水平井保持了全油田产量的稳定,成功地延缓了油田产量递减的趋势,取得了显著的经济效益(图 6.67)。

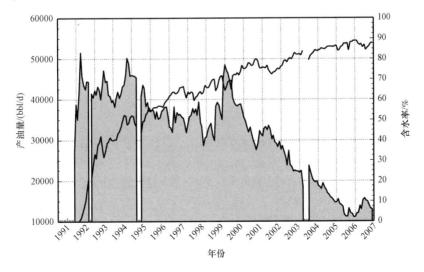

图 6.67   HZ26 - 1 油田产油量曲线和含水曲线

参 考 文 献

[1] 鲍祥生,朱立华,张金淼,等. 基于 SOM 的无井约束剩余油分布预测[J]. 中国海上油气,2009,21(4):242-245.

[2] 曹学良,苏玉亮,张瑞庆. 文东深层低渗透油藏微观剩余油形成机理研究[J]. 断块油气田,2006(1):11-13.

[3] 陈亮,吴胜和,刘宇红. 胡状集油田胡十二块注水开发过程中储集层动态变化研究[J]. 石油实验地质,1999,21(2):141-145.

[4] 陈欢庆,丁超,杜静宜,等. 储层评价研究进展[J]. 地质科技情报,2015,34(5):66-74.

[5] 陈欢庆,朱筱敏. 精细油藏描述中的沉积微相建模进展[J]. 地质科技情况,2008,27(2):73-79.

[6] 陈元千. 地层原油粘度与水驱曲线法关系的研究[J]. 新疆石油地质,1998,19(1):61-67.

[7] 陈元千. 对《石油可采储量计算方法》行业标准的评论与建议[J]. 石油科技论坛,2002,6(3):25-32.

[8] 程林松. 渗流力学[M]. 北京:石油工业出版社,2011.

[9] 程林松,郎兆新,张丽华. 底水驱油藏水平井锥进的油藏工程研究[J]. 石油大学学报(自然科学版),1994,18(4):43-47.

[10] 杜德文,马淑珍,陈永良. 地质统计学方法综述[J]. 世界地质,1995,14(4):79-84.

[11] 杜启振,侯加根. 储层随机建模综述[J]. 世界石油科学,1997,7(5):24-29.

[12] 杜启振,侯加根,陆基孟. 储层微相及砂体预测模型[J]. 石油学报,1999,20(2):45-50.

[13] 高博禹,彭仕宓,陈烨菲. 储层动态流动单元及剩余油分布规律[J]. 吉林大学学报,2005,35(2):182-187.

[14] 高兴军,吴少波,宋子齐,等. 真12块埋一段六油组流动单元的划分及描述[J]. 测井技术,2000,24(3):207-211.

[15] 国景星,王纪祥,张立强. 油气田开发地质学[M]. 东营:中国石油大学出版社,2008.

[16] 韩大匡. 油藏数值模拟基础[M]. 北京:石油工业出版社,1993.

[17] 何顺利,郑祥克,魏俊之. 沉积微相对单井产能的控制作用[J]. 石油勘探与开发,2002,29(4):72-73.

[18] 胡向阳,熊琦华,吴胜和. 储层建模方法研究进展[J]. 石油大学学报(自然科学版),2001,25(1):107-112.

[19] 胡向阳,熊琦华,吴胜和,等. 标点过程随机模拟方法在沉积微相研究中的应用[J]. 石油大学学报(自然科学版),2002,26(2):19-22.

[20] 黄沧钿. 应用改进的截断高斯模拟方法建立相分布模型[J]. 新疆石油地质,2002,23(2):158-159.

[21] 姜瑞忠,陈月明,邓玉珍,等. 胜坨油田二区油藏物理特征参数变化数值模拟研究[J]. 油气采收率技术,1996,3(2):50-58.

[22] 蒋平,张贵才,何小娟,等. 底水锥进的动态预测方法[J]. 钻采工艺,2007,30(2):71-73.

[23] 蒋建平,康贤,邓礼正. 储层物性参数展布的相控模型[J]. 成都理工学院学报,1995,22(1):12-17.

[24]蒋晓蓉,谭光天,张其敏.底水锥进油藏油水同采技术研究[J].特种油气藏,2005,12(6):55-57.

[25]焦养泉,李思田.陆相盆地露头储层地质建模研究与概念体系[J].石油实验地质,1998,20(4):38-45.

[26]金佩强,杨克远.国外流动单元描述与划分[J].大庆石油地质与开发,1998,17(4):49-51.

[27]李阳.储层流动单元模式及剩余油分布规律[J].石油学报,2003,24(3):52-55.

[28]李阳,刘建民.油藏开发地质学[M].北京:石油工业出版社,2007.

[29]李国永,徐怀民,石占中,等.微观剩余油分布模式及提高水驱效率实验研究[J].科技导报,2008,26(15):69-72.

[30]李红南,徐怀民,许宁,等.低渗透储层非均质模式与剩余油分布[J],石油实验地质,2006,28(4):404-408.

[31]李晓林,周兴武,金兆勋,等.影响稠油油藏底水锥进的主要参数研究[J].特种油气藏,2003,10(S1):56-58.

[32]李兴国.油层微型构造影响油井生产机理研究[J].成都理工学院学报,1998,25(2):285-288.

[33]李祖兵,颜其彬.非均质综合指数法在砂砾岩储层非均质性研究中的应用[J].地质科技情报,2007,26(6):83-87.

[34]林博,戴俊生,陆先亮,等.孤岛油田中一区馆5段隔夹层划分与展布[J].西安石油大学学报(自然科学版),2006,21(4):11-14.

[35]林玉保,张江,刘先贵,等.喇嘛甸油田高含水后期储集层孔隙结构特征[J].石油勘探与开发,2008,35(2):215-219.

[36]刘静,陈刚.油气田开发地质方法(第二版)[M].北京:石油工业出版社,2018.

[37]刘德华,刘志森.油藏工程基础[M].北京:石油工业出版社,2004.

[38]刘慧卿.高等油藏工程[M].北京:石油工业出版社,2016.

[39]刘吉余,王建东,吕靖.流动单元特征及其成因分类[J].石油实验地质,2002,24(4):381-384.

[40]刘同敬,姜汉桥,黎宁,等.井间示踪测试在剩余油分布描述中的应用[J].大庆石油地质与开发,2008,27(1):74-77.

[41]柳成志,张雁,单敬福.砂岩储层隔夹层的形成机理及分布特征[J],天然气工业,2006,26(7):15-17.

[42]罗东红.南海珠江口盆地海上砂岩油藏高速高效开发模式[M].北京:石油工业出版社,2013.

[43]罗东红,刘伟新,代玲,等.海上低渗透油藏非线性渗流渗透率下限实验研究[J].科学技术与工程,2015,15(24):152-156.

[44]罗东红,梁卫,刘伟新.珠江口盆地砂岩油藏剩余油分布规律[M].北京:石油工业出版社,2011.

[45]罗东红,闫正和,梁卫,等.南海珠江口盆地海上砂岩油藏高速开采实践与认识[M].北京:石油工业出版社,2013.

[46]吕平.驱油效率影响因素的试验研究[J].石油勘探与开发,1985,23(4):54-60.

[47]吕晓光,赵永胜,史晓波.储层分类方法的应用及评价[J].大庆石油地质与开发,1995,14(3):10-15.

[48]吕晓光,闫伟林.储层岩石物理相划分方法及应用[J].大庆石油地质与开发,1997,16(3):21-24.

[49]马立文,窦齐丰,彭仕宓,等.用Q型聚类分析与判别函数法进行储层评价—以冀东老爷庙油田庙28X1区块东一段为例[J].西北大学学报(自然科学版),2003,33(1):83-86.

[50]穆龙新,贾文瑞.建立定量储层地质模型的新方法[J].石油勘探与开发,1994,21(4):82-86.

[51]聂昌谋,孙玉生,曹学良,等.储层参数随机建模方法在胡状集油田储层非均质研究中的应用.断块油

气田,1996,3(1):26－30.

[52]彭珏,康毅力.润湿性及其演变对油藏采收率的影响[J].油气地质与采收率,2008,15(1):72－76.

[53]裘怿楠,薛叔浩,应凤祥.中国陆相油气储集层[M].北京:石油工业出版社,1997.

[54]任大田.剩余油饱和度测井在胜坨油田特高含水期的应用[J].西部探矿工程,2009,21(5):33－35.

[55]任今明,吴迪,刘明赐,等.TZ402CⅢ油组带凝析气顶的砂岩底水油藏开发特征和稳油控水措施[J].新疆石油天然气,2005,1(3):68－71.

[56]申茂.模拟退火技术在剩余油分布计算中的应用[J].石油天然气学报,2008,30(5):311－312.

[57]束青林.孤岛油田馆陶组河流相储层隔夹层成因研究[J].石油学报,2006,27(3):100－103.

[58]宋考平.用荧光分析方法研究聚合物驱后微观剩余油变化[J].石油学报,2005,26(2):92－95.

[59]王青,吴晓东,刘根新.水平井开采底水油藏采水控锥方法研究[J].石油勘探与开发,2005,32(1):109－111.

[60]王起琮,肖玲,李百强.油藏描述与表征[M].北京:石油工业出版社,2019.

[61]王志章,蔡毅,杨蕾,等.开发中后期油藏参数变化规律及变化机理[M].北京:石油工业出版社,1999.

[62]王仲林,徐守余.河流相储集层定量建模研究[J].石油勘探与开发,2003,30(1):75－78.

[63]韦建伟,罗锋,唐人选.关于开采底水油藏几个重要参数的确定[J].大庆石油地质与开发,2003,22(5):25－27.

[64]文健,裘怿楠,王军.埕岛油田馆陶组上段储集层随机模型[J].石油勘探与开发,1998.25(1):69－72.

[65]文淑敏,李凤清,董文华.碳氧比能谱测井技术在高含水后期寻找剩余油方面的应用[J].国外油田工程,2005,21(7):38－41.

[66]吴明录,姚军,黎锡瑜.应用流线数值试井方法研究聚合物驱油藏剩余油分布[J].石油钻探技术,2009,37(3):95－98.

[67]吴胜和.储层表征与建模[M].北京:石油工业出版社,2010.

[68]吴胜和,王仲林.陆相储层流动单元研究的新思路[J].沉积学报,1999,17(2):252－257.

[69]吴胜和,张一伟,李恕军,等.提高储层随机建模精度的地质约束原则[J].石油大学学报(自然科学版),2001,25(1):55－58.

[70]吴素英.胜坨油田二区沙二段8～3层储层润湿性变化及对开发效果的影响[J]油气地质与采收率,2006,13(2):76－78.

[71]吴欣松,刘钰铭,徐樟有.油气田开发地质工程[M].北京:石油工业出版社,2018.

[72]向丹,黄大志.应用有机玻璃研究水驱剩余油微观分布[J].石油天然气化工,2005,34(4):293－295.

[73]谢俊,张金亮,梁会珍.濮城油田末端扇储层隔夹层成因及分布特征[J],中国海洋大学学报,2008,38(4):653－656.

[74]谢丛姣,杨峰,龚斌.油气开发地质学[M].武汉:中国地质大学出版社,2018.

[75]徐守余.油藏描述方法与原理[M].北京:石油工业出版社,2005.

[76]徐守余,丁烽妮,王宁.仿真模型在剩余油研究中的应用综述[J].断块油气田,2007,14(3):10－11.

[77]薛培华.河流点坝相储集层模式概论[M].北京:石油工业出版社,1991.

[78]薛永超,程林松.滨岸相底水砂岩油藏开发后期剩余油分布及主控因素分析[J].油气地质与采收率,2010,17(6):78－81.

[79]薛永超,程林松,梁卫,等.珠江口盆地NH25油藏沉积微相研究[J].特种油气藏,2010,17(5):22－25.

[80]薛永超,程林松,梁卫,等.底水油藏特高含水期剩余油模式及开发对策[J].大庆石油地质与开发,2011,30(3):74-78.

[81]薛永超,程林松,张继龙.夹层对底水油藏开发及剩余油分布影响研究[J].西南石油大学学报,2010,32(3):101-106.

[82]薛永超,王建国,周晓峰.油气田开发地质学(富媒体)[M].北京:石油工业出版社,2021.

[83]闫正和.惠州油田群开发技术经验探讨[J].中国海上油气(地质),1999,13(3):207-216.

[84]严耀祖,段天向.厚油层中隔夹层识别及井间预测技术[J].岩性油气藏,2008,20(2):127-131.

[85]姚军,谷建伟,吕爱民.油藏工程原理与方法(第三版)[M].山东:中国石油大学出版社,2016.

[86]易德生.灰色理论与方法[M].北京:石油工业出版社,1992.

[87]于兴河.油气储层表征与随机建模的发展历程及展望[J].地学前缘,2008,15(1):1-15.

[88]俞启泰.为什么要根据原油粘度选择水驱特征曲线[J].新疆石油地质,1998,19(4):315-320.

[89]俞启泰.使用水驱特征曲线应重视的几个问题[J].新疆石油地质,2000,21(1):58-61.

[90]俞启泰.关于如何正确研究和应用水驱特征曲线—兼答《油气藏工程实用方法》一书[J].石油勘探与开发,2000,27(5):122-126.

[91]喻高明,凌建军,蒋明煊.砂岩底水油藏底水锥进影响因素研究[J].江汉石油学院学报,1996,18(3):59-62.

[92]喻高明,凌建军,王家宏,等.气顶底水油藏开采特征及开发策略——以塔中402油藏为例[J].石油天然气学报,2007,6(29):142-145.

[93]喻高明,凌建军,蒋明煊,等.砂岩底水油藏开采机理及开发策略[J].石油学报,1997,18(2):61-65.

[94]张雁,张兆虹,刘丽.席状砂储层内部微观剩余油分布及影响因素[J].油气地质与采收率,2009,16(4):97-100.

[95]张丽囡,初迎利,冯永祥,等.用甲乙型水驱曲线预测可采储量的结果分析[J].大庆石油学院学报,1999,23(4):22-24.

[96]张祥忠,吴欣松,熊琦华.模糊聚类和模糊识别法的流动单元分类新方法[J].石油大学学报(自然科学版),2002,26(5):19-22.

[97]张永贵,陈刚强,李允.模拟退火组合优化算法在油气储层随机建模中应用[J].西南石油学院学报,1997,19(3):1-7.

[98]张永庆,渠永宏,徐罗滨.北一区断东西块葡一组油藏精细描述及预测[J].大庆石油地质与开发,2003,22(1):17-19.

[99]赵翰卿,付志国,吕晓光,等.大型河流——三角洲沉积储层精细描述方法[J].石油学报,2000,21(4):109-113.

[100]赵跃华,赵新军,翁大丽,等.注水开发后期下二门油田储层特征[J].石油学报,1999,20(1):43-49.

[101]周国文,谭成仟,郑小武,等.H油田隔夹层测井识别方法研究[J].石油物探,2006,45(5):542-546.

[102]周丽清,熊琦华,吴胜和.随机建模中相模型的优选验证原则[J].石油勘探与开发,2001,28(1):68-71.

[103]周守为.中国近海典型油田开发实践[M].北京:石油工业出版社,2009.

[104]周宗良,蔡明俊,石占中.油气田开发地质方法论与实践[M].北京:石油工业出版社,2016.

[105]朱江,刘伟.海上油气田区域开发模式思考与实践[J].中国海上油气,2009,21(2):102-104.

[106]朱九成,郎兆新,黄延章.指进和剩余油分布的实验研究[J].石油大学学报(自然科学版),1997,21(3):40-42.

［107］朱筱敏. 沉积岩石学(第四版)［M］. 北京:石油工业出版社,2008.

［108］朱中谦,程林松. 砂岩油藏高含水期底水锥进的几个动态问题［J］. 新疆石油地质,2001,22(3): 235－237.

［109］A. T. Corey. The interrelation between gas and oil relative permeabilities［J］. Producers Monthly, 1954, (9):38－41.

［110］Abass HH. Critical rate in water coning wystem［J］. SPE17311, 1988.

［111］Akira Satoh, Tamotsu Majima. Comparison between theoretical values and simulation results of viscosity for the dissipative particle dynamics method［J］. Journal of Colloid and Interface Science, 2005, 283(1): 251－266.

［112］Alaa M, Salem S, Morad S. Diagenesis and Reservoir Quality Evolution of Fluvial Sandstones During Progressive Burial and Uplift:Evidence from the Upper Jurassic Boipeba Member, Reconcavo Basin, North eastern Brazil［J］. Aapg Bulletin, 2000, 84(7):1015－1040.

［113］Amaefule J O, Altunbay M. Enhanced reservoir description:Using core and log data to identify hydraulic (flow)units and predict permeability in uncored intervals/well［J］. SPE26436［A］Presented at the 68th Annual SPE Conference and Exhibition［C］. Houston, Texas, Oct 2~5, 1993, 205－220.

［114］Araktingi, U. G. Integration of seismic and well log data in reservoir modeling: in B. Linville, ed［J］. reservoir characterization, Ⅲ Tulsa,Oklahoma, PennWell Publishing, 1993.

［115］Craig F C. The Reservoir Engineering Aspects of Waterflooding［J］. New York:Socity of Petroleum Engineers of Aime, 1971, 59－66.

［116］Deutsch C. V. and Wang Libing. Hierarchical object－based stochastic modeling of flubial reservoirs［J］. Mathematical Geology, 1996, 28(7):113－119.

［117］Ebanks W J Jr. Flow unit concept－integrated approach to reservoir description for engineering projects［J］. AAPG Annual Meeting, AAPG Bulletin, 1987, 71(5):551~552.

［118］Guangming Ti, Baker Hughes INTEQ, D. O. Ogbe, etal. SPE, Walt Munly Use of Flow Units as a Tool for Reservoir Description:A Cas Study［J］. SPE formation Evaluation, 1995, 10(2):122－128.

［119］Hearn C L, Ebanks W J Jr, Tye R S, et al. Geological factors influencing reservoir performance of the Hartzog Dra field,wyoming［J］. J Petrol Tech,1984, 36(8):1335－1344.

［120］Islam MR, Farouq Ali SM. Improving waterflood in oil reservoirs with bottom water［J］. SPE16727,1987.

［121］Journel, A. G. and Huijbregts, C. J. Mining Geostatistics［M］. New York:Academic Press, 1978.

［122］Kassp E and Autunbay M, et al. Flow units from integrated WFT an NMR data［J］. Fourth International Reservoir Characterizatio Technical Conference, 1998.

［123］Kelly Tyler, Adolfo Henriquez, Tarald Svanes. Modeling heterogeneities in fluvial domains:a review of the influence on production profiles［J］. In: Yarus and Chamber. Stochastic Modeling and Geostatistics: Principles, Methods, and Case Studies. AAPG Computer Application in Geology, 1994.

［124］M. Revenga, I. Zuniga, P. Espanol. Boundary conditions in dissipative particle dynamics［J］. Comp. Phys. Commun, 1999, 121(3):309－311.

［125］Mrinal K. Sen, Akhil Datta－Gupta. Stochastic reservoir modeling using simulated annealing and genetic algorithms［J］. SPE Formation Evaluation, 1995, 10(1):49－56.

［126］N. T. Burdine. Relative Permeability Calculations From Pore Size Distribution Data［J］. Journal of Petroleum Technology, 1953, 5(3):71－78.

［127］P. J. Hoogerbrugge, J. M. V. A. Koelman. Simulating Microscopic Hydrodynamic Phenomena with Dissipative

Particle Dynamics[J]. Eur. Ophys. Lett, 2007, 19(3):155 – 160.

[128] Perez G. and Chopra A. K. Evaluation of fractal models to describe reservoir heterogeneity and performance [J]. SPE Formation Evaluation, 1997, 12(1):65 – 72.

[129] Praveen K. Depa, Janna K. Maranas. Speed up of dynamic observables incoarse – grained molecular – dynamics simulations of unentangled polymers[J]. The Journal of Chemical Physics, 2005, 123(9):1 – 7.

[130] Rballin P. , Journel A. G. and Aziz K. Prediction of uncertainty in reservoir performance forcast[J]. Journal of Canadian Petroleum Technology, 1992, 31(4):52 – 62.

[131] S. Y. Trofimov, E. L. F. Nies, M. A. J. Michels. Constant – pressure simulations with dissipative particle dynamics[J]. The Journal of Chemical Physics. 2005, 123(14):1 – 12.

[132] Srivastava R. Mohan. An overview of stochastic methods for reservoir characterization[J]. In: Yarus and chamber(eds.): Stochastic Modeling and Geostatistics: Principles, Methods, and Case Studies. AAPG Computer Application in Geology, 1994, 3 – 20.

[133] Tjolsen C. B. Seismic data can improve stochastic facies modeling[J]. SPE Formation Evaluation, 1996, 11(3):141 – 145.

[134] Yongchao Xue, Linsong Cheng. The Influence of Interlayer of Bottom Water Reservoirs During Development Stage[J]. Petroleum Science and Technology, 2013, 31(8):849 – 855.